无障碍改造的设计与实例

［日］佐桥道广　著

张丽丽　杨　虹　译

杨雁云　刘丽妍　校

中国建筑工业出版社

著作权合同登记图字：01-2012-0902号

图书在版编目（CIP）数据

无障碍改造的设计与实例/[日]佐桥道广著；张丽丽，杨虹译. — 北京：中国建筑工业出版社，2017.9
ISBN 978-7-112-21079-4

Ⅰ.①无… Ⅱ.①佐…②张…③杨… Ⅲ.①残疾人住宅—建筑设计 Ⅳ.①TU241.93

中国版本图书馆CIP数据核字（2017）第190398号

Original Japanese edition
Jitsurei de Wakaru Barrier-free Kaishuu no Jissen Know-how
by Michihiro Sahashi
Copyright © 2011 by Michihiro Sahashi
Published by Ohmsha. Ltd.
This Chinese Language edition published by China Architecture & Building Press
Copyright © 2017
All rights reserved

本书由日本欧姆社授权我社独家翻译、出版、发行。

责任编辑：白玉美 刘文昕 率 琦
责任校对：王宇枢 焦 乐

无障碍改造的设计与实例
[日]佐桥道广 著
张丽丽 杨 虹 译
杨雁云 刘丽妍 校
*
中国建筑工业出版社出版、发行（北京海淀三里河路9号）
各地新华书店、建筑书店经销
北京京点图文设计有限公司制版
北京君升印刷有限公司印刷
*
开本：787×1092毫米 1/16 印张：11½ 字数：231千字
2018年1月第一版 2018年1月第一次印刷
定价：39.00元
ISBN 978-7-112-21079-4
(30723)
版权所有 翻印必究
如有印装质量问题，可寄本社退换
（邮政编码 100037）

前言

日本的人口总数，截止到2009年10月1日，已有1亿2751万人。与2007年同期的1亿2769万人相比，大约减少了18万人。65岁以上的老年人口达到2901万人，占日本总人口的比例（高龄化率）达22.7%，已进入超老龄社会。1970年日本高龄化率为7%，进入了“高龄化社会”。其后的1994年达到14%，从而迎来了“高龄社会”。与欧美国家均需40 ~ 100年的时间相比，日本的高龄人口从7%增长到14%仅用了24年，日本社会的高龄化正以惊人的速度发展着（根据日本国家社会保障·人口问题研究所统计）。另外，在高龄化发展的同时，日本《2009年简易寿命表》（日本厚生劳动省）显示，今后日本人的平均寿命如果按照男性79.59岁，女性86.44岁的趋势一同发展的话，可以预测大约40年后，就会进入每3个人中就有1名65岁以上老人的社会。一方面，人口总数的生育率将持续减少到1970年的一半，2005年日本1.26的人口出生率已经是历史的最低记录（厚生劳动大臣官方统计信息部《人口动态统计》）。该数值大大低于2.08的人口置换标准，成为人口减少以及社会高龄化的主要原因。如此世界罕见速度发展的少子高龄化趋势，使日本的人口结构产生很大的变化。伴随着战后经济高速发展和这种人口结构的变化，日本的家庭结构也从大家族向核家族转变，老年人与子女的同居率大幅度降低；相反，只有老年夫妇，或独居老人的家庭却有增加的趋势（厚生劳动省《国民生活基础调查》）。另外，日本的地区福利政策在1970年前后，随着消除障碍理念的深入，也从原来的设施福利向以居家福利为基础的方向转变。更多的老年人还是愿意在自己家里享受护理帮助（日本内阁府《关于老年人护理的问卷调查》2003年）。

在这种少子高龄化、居家养老意愿的现实中，日本现有的住宅总数，对于各都道府县（日本行政区域，相当于我国直辖市、省、自治区等——译者）内不断上升的家庭总数来说，房屋“数量”的问题已经解决（日本总务省2003年《住宅·土地统计调查》）。但另一方面，现实中仍存在室内空间狭小、设施不良、不适宜老年人或因残障等身体行动不便人士居住等诸多问题。今后，重点提升作为支撑社会福利基础的住宅“品质”将是社会的期望。

基于上述现状，日本在2006年颁布实施新住宅政策宪法《居住生活基本法》。当务之急就是要确保老年人和行动不便等残障人士能够就近在自己熟悉并习惯的环境中生活得舒适快乐。为此，大力推进无障碍化住宅体系是非常重要的。

所谓“无障碍”理念，最初源于建筑用语“拆除屏障”，就是消除隔墙，使人们的生活更加方便。近年来，这一词汇被广泛引申到消除所有社会及心理障碍的层面上来。在本书中，既有消除建筑内台阶等物质屏障的“无障碍”之意，同时也站在居家养老者消除内心障碍的角度，作为帮助他们实现自立、自信地生活在自己温馨熟悉的环境中的手段，将“无障碍住宅”的改造案例和施工技巧经过系统而可实施性的编辑，并配以照片、平面图等简明易懂的直观效果，提供给建筑从业人员或在医疗、保健、社会福利等领域供职的人士参考。

笔者在 Media care 供职期间，从设计到预算、施工，每年要做 2000 多项上述无障碍改造的工程。笔者本人从事无障碍事业也近 30 个年头了，特将自己所积累的经验、知识整理出来，取《无障碍改造的设计与实例》之名，内分知识篇（第 1 章）、设计篇（第 2 章）、实例篇（第 3 ～ 5 章）、资料篇（第 6 章），特别在实例篇中，按照不同疾病、不同居住空间、如何利用护理保险政策进行住宅改造等内容，尽量多地用照片、平面图表现出来，以助大家理解。

为了便于读者理解利用本书，特意将有关资料及参考文献按照每个章节顺序附在书后，希望能对该项事业的发展有所推动。

同时，祈愿居家养老的老年人，各位残障人士，无论何时何地都能在自己温馨舒适的家园生活愉快，安享晚年。同时，本书如能对从事保健、医疗、福利、建筑等行业的专业人士的工作有所借鉴和帮助，笔者将不胜荣幸。

著者

2011 年 3 月

目 录

第 3 章 不同病患的无障碍住宅改造案例

第4章 不同居住空间的无障碍改造案例

第5章 不同护理保险支付对象的无障碍改造实例

第6章 无障碍改造的成效小常识

第1章

无障碍改造的基础知识

1·1　实施无障碍改造的必要性

❶ 什么是无障碍改造

无障碍改造就是帮助残障人士消除生活中的不便，使他们融入正常的社会生活。“无障碍”一词最早使用在 1974 年召开的联合国残障人生活环境专家会议的《无障碍设计》研究报告中。最初作为建筑词汇，意为消除建筑内地面高差等物理障碍。近年来，又不断被引申、扩展到消除在社会、制度、心理上等一切影响残障人士融入社会生活的不便因素的代名词。因此，无障碍改造是作为实现正常化（残障人士也能和健康人一样正常生活，还生活本来面目的想法。）的一种手段而定位的。

所谓“障碍”，一般分为“物理障碍”、“制度障碍”、“信息障碍”、“心理障碍”四个层面（见表 1-1）。消除这些障碍，不单是指生活中的无障碍改造（消除隔墙），也是 21 世纪超高龄社会赋予我们的课题和使命。

特别是针对“物理障碍”，在 2006 年 6 月成立的城镇基础建设通用设计“关于促进方便老年人、残疾人出行法规《无障碍改造新法》”中，初期只把老年人、身体残障人士列为法律援助对象，随后又在此基础上，将包括智障者、精神障碍者、发育不全者在内的所有残障人士追加为法律援助对象。另外，按照通用标准城镇基础建设的设计理念，受援对象又将老人、孕妇、儿童等“其他在日常生活、社会生活中体能上受到制约的人”扩充进来。为这些生活不便的人们提供顺畅的人性化环境设计，既是通用标准，也是适用于所有人的设计要求。

四种类型的障碍　　表 1-1

物理障碍	影响乘坐轮椅者或腿脚不便人士在商店入口或因通道中的台阶而无法通行的物理障碍 · 上下公交车时车门与地面的高差 · 车站内狭窄的检票口，通往站台的台阶 · 乘坐轮椅者无法使用的厕所 · 儿童、乘坐轮椅者触及不到的公共电话、自动售货机等
制度障碍	不认可盲文试卷、不录用残疾人就业、限制残疾人取得资格证书等法律法规上的障碍 · 限制牵引导盲犬就餐、入住酒店（日本从 2003 年 10 月开始依法取消了此项限制） · 谢绝携带幼儿入内的商店等
信息障碍	不能读报、不懂信号标识含义、看不懂电视内容之类难以获取信息或没有参与文化活动机会等信息方面的障碍 · 大型活动中没有手语翻译或不设置托儿处 · 在车站、车厢内收听不到广播、通知等
心理障碍	无障碍意识淡薄，或对老年人、残疾人不关心，带有偏见等，总称为心理障碍 · 认为老年人、残疾人“可怜或倒霉”的想法 · 无障碍意识淡薄建成的城镇或建筑 · 在车站前、学校周围或轮椅专用停放区域违章停车等 · 在盲道上设置广告牌或停放自行车等

❷ 少子高龄化的发展与特征

根据日本内阁府《2010 年版高龄化社会白皮书》显示，目前日本人口总数在逐年减少，在短期内急速向老龄化迈进，如此快速增长的社会老龄化率，即使在发达国家也不多见。预计到 2055 年，日本每 2.5 人中就有 1 名 65 岁以上的老年人，每 4 人中就有 1 名 75 岁以上的高龄人，由此推测，日本社会高龄化率将达到 40.5%。

在日本这样的高龄化国家，呈现出①高龄化速度急速发展，②高龄化与低出生率并行，③在老年人中，又以高龄人口的急速增加为显著特点。分析人口高龄化的要因，可以说既有从 1955 年开始的日本经济高速增长期的社会因素，也有医疗、营养、公共卫生、社会保障等水平提高，从而加快了现今超高龄社会步伐的原因。

❸ 日本住宅的结构特点

日本的住宅结构以传统的木结构住宅为主，对于老年人、残疾人等居家养老者来说，日常生活中的不便之处比比皆是。在这些不便中，有木结构的原因，也有生活方式发生变化的原因。在此特将日本住宅结构的特征以及上述不便对居家养老者和护理人员所造成的影响归纳如下（见图 1-1）。

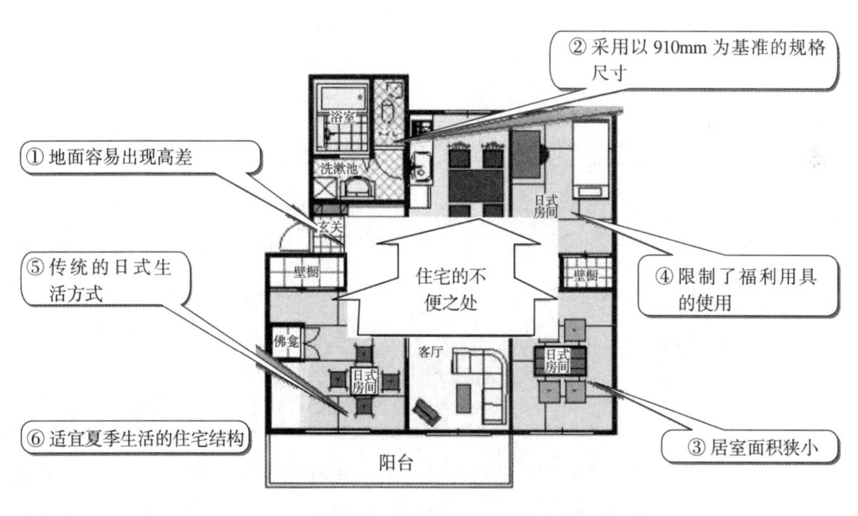

◇ 图 1-1 住宅的不便之处 ◇

① 住宅内外的地面容易出现高差

日式住宅基本上以木结构为主，在结构上受到日本《建筑标准法》和木制工艺的制约，因此地面容易出现高差。从院门周边到门廊、玄关入口、门框都要筑起台阶，主要是为了防止地面的潮湿。日本《建筑标准法》原则上规定台阶要高出地面 450mm。日式房间的地面之所以比周边西式卧室和走廊的地面要高，是因为榻榻米的厚度与西式房间装修材料的厚度不同而产生的高差，在西式房间等处的门槛就是为了处理好室内外不同地面装修材料的差异和阻挡缝隙风而设置。还有浴室门口的挡水台阶，也是为防止向盥洗室、更衣室溢水而设置的。因此，尽管各种高差会有其缘由和意图，但都会成为导致老年人、残疾人等居家养老族发生家庭事故的原因，也会给他们的居家生活带来很大的不便。

② **采用以 910mm 为基准的规格尺寸**

大多数日本住宅都是按照传统的 910mm 的柱网模式（模数开间）建造的。所谓规格尺寸，是日本固有的计算单位，长度单位为尺，重量单位为贯。用“尺贯法”标注的尺寸（见表 1-2），即使到了现在，建筑材料、建筑构件的制作、流通领域都与此相关，尤其对建筑设计影响很大。因此，如果走廊、开口部有效宽度的尺寸狭小，就会对居家养老者的室内活动造成行动上的不便。

按照尺贯法换算的尺寸　　表 1-2

1 间	6 尺 ≈ 1820mm
半间	3 尺 ≈ 910mm 1 尺 5 寸 ≈ 455mm
1 尺	330mm=10 寸 1 寸 =30.3mm 3 寸 5 分见方 ≈ 105mm 见方 4 寸见方 ≈ 120mm 见方
1 坪	1 间 ×1 间 =3.3124m^2

③ **居室面积过于狭小**

与发达国家的居住面积相比，日本的居室面积过于狭小。很长一段时间，1979 年欧共体（EC）的报告里曾称日本住宅为“兔屋”，每间居室的面积也相对狭窄。特别是随着日本人生活方式日渐欧化，室内的家具增多，占据了大部分的地面空间，这对于有护理需求的居家养老者以及使用福利用具在室内行走造成一定的困难。

④ **限制了福利用具的使用**

尽管日本政府一再强调在日式住宅内实施福利用具和护理援助的必要性，但由于不能确保足够的使用空间和护理空间，很多情况下会受到制约。例如：由于走廊和门框的宽度过于窄小致使轮椅不能在室内通畅使用。

⑤ **传统的日式生活方式**

近年来，尽管日本人的生活方式逐渐西化，但还是有许多人留恋坐垫，保持着席地而坐的起居方式。特别是持有这种倾向的老年人居多。另外，使用深度在 60mm 以上的日式浴槽洗澡，使用蹲坑式便器如厕等经常蹲起的日本传统生活方式，从身体功能上考虑，也不适合老年人和残疾人。

⑥ **适宜夏季生活的住宅结构**

由于日本气候高温多湿，在住宅设计上须特别考虑夏季的通风问题。因此，就不利于冬季御寒，即使冬天在房间内安装了暖气，但与走廊、厕所、更衣室、浴室等处的温差还很大，也会成为室内事故的原因之一。这种环境尤其不适合患有循环系统疾病的居家养老者。

❹ 无障碍改造的必要性、重要性

日本少子高龄化急速发展的趋势，同时还会产生各种各样的老龄问题，因此，要求有关部门高度重视改善居住环境的提法并不过分。

① 平均寿命持续延长趋势下高龄者的居家生活

据 2009 年日本厚生省公布的《2009 年简易生命周期表》统计：日本人的平均寿命，男性为 79.59 岁，女性为 86.44 岁。并且连续 4 年均高于前一年，成为历史新高。今后日本人的平均寿命，无论男女还将持续延长，预测到 2055 年，男性将达到 83.67 岁，女性将达到 90.34 岁。

据此发展势态可以推测今后日本人的平均寿命还将持续延长，晚年的居家生活也将长期化。选择居家养老的老龄人数也会增加。对于老年人、残障人的福利政策也将从福利设施逐步转向改善居家生活环境，越来越成为居家养老者生活中必不可少的因素。

② 家庭护理能力的不足

随着日本战后高速经济发展，城市化、小家庭化的发展趋势，特别是大量女性走出家门，进入社会，以往在家庭内承担护理的人越来越少。另外，仅依靠现有的护理保险制度或地方自治体提供的福利性居家护理服务来维持老年人、残疾人等的居家生活将变得愈加困难。

在日本内阁府的《高龄社会白皮书》（2010 版）中，还特意列举出“在 65 岁以上老年人口中独居老人所占的比率”，发布了男性老人快速增长的比例已远超女性微增比例的推测结果。还指出在这样的社会背景下，结婚率在降低，而离婚率上升，而且“远离社会的男性寡居者越来越多。”另外，在对 60 岁以上男女老人进行调查时，回答“独居老人生活遇到困难，没有可以依靠的人”、“平时身边几乎没有与之聊天的人”的人数比例也同样是男性高于女性。从这些数据中也能看出日本居家护理能力不足已经成为大问题。

③ 居家事故频发

查阅日本 2006 年的死亡原因排列顺序，居家事故是排在恶性肿瘤、心血管、脑血管疾病、肺炎之后的第五位意外事故（有 3 万 8270 人，占 3.5%）。这些意外事故中，虽然交通事故和居家事故所占的比率都较大，但 5 ~ 64 岁年龄段的人发生交通事故的死亡率要高于居家事故，相反，65 岁以上老年人则死于家庭事故的居多，每年约有 1 万以上的人死于家庭事故，其中，65 岁以上老人的比例居高。

在家庭事故中，首先最多的是意外窒息，因为误食堵塞气管的食物所致。其次是在浴缸内或者进出浴缸时滑倒造成溺水而亡。再其后是平地滑倒、绊倒以及踉跄跌倒，或从楼梯、台阶上摔倒、跌落，或从建筑物、构筑物上跌落。这里值得注意的是，溺水死亡排在第二位，排在第三位的是摔倒、坠落等意外事故。改造居住环境，可以在某种程度上预防这些事故。死于上述事故的老人约占老年人死亡总数的一半。这就显示出日本的住宅结构不适合高龄者的身体特征和行为特点。针对这种现状，为了减少日常生活中频发的家庭事故，必须熟悉高龄者的身体特征和行为特点，着手改造那些容易造成事故隐患的场所。

④　卧床老人、褥垫老人数量增加

多数卧床老人一直被称为"长期卧床老人"。"褥垫老人"也是如此，与其麻烦护理人员带去厕所，不如铺垫尿不湿。对此，要根据不同情况，或把厕所改设在老人的卧室旁，或在原有厕所内安装扶手等都可以在某种程度上改善居住环境。作为预防卧床老人数量增多的对策，1989 年日本厚生省（现在的厚生劳动省）制定了《推进高龄者保健福利十年战略规划》。其中作为启动"卧床老人零计划"中的一个环节，又制定出《零卧床十条对策》。其中的第八条规定，"安装扶手，消除高差，提供安全便利的生活环境"，明确提出要根据居住者的身体状况进行住宅改造，提高居住环境整体品质的重要性。同时，2006 年 4 月修改并实施护理保险制度，开始重视向预防型医保系统转变。即便如此，卧床老人的数量，今后也将和高龄人口的平均寿命增幅一样，预计到 2025 年将达到 230 万人。至少希望卧床老人、褥垫老人的数量，随着日本国家福利政策的深入以及居住环境改造事业的推进而有所减少。

由此可见，当今社会以少子高龄化的问题为首，其次是小家庭化、老年人居家养老意愿，国家福利政策的调整等社会现实证明了改造居住环境的必要性（见表 1-3）。

改造居住环境的要因　　表 1-3

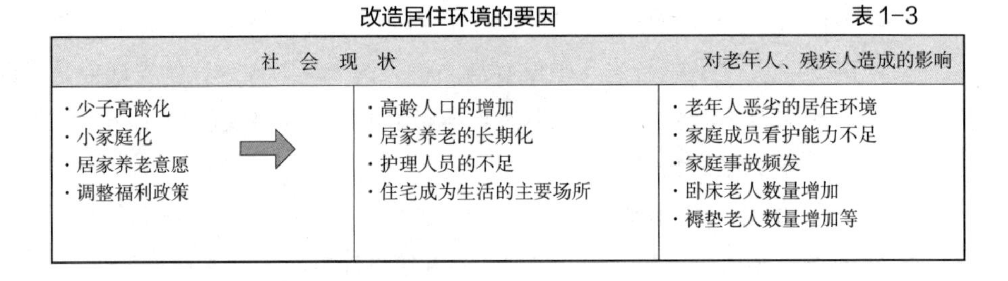

社　会　现　状		对老年人、残疾人造成的影响
· 少子高龄化 · 小家庭化 · 居家养老意愿 · 调整福利政策	· 高龄人口的增加 · 居家养老的长期化 · 护理人员的不足 · 住宅成为生活的主要场所	· 老年人恶劣的居住环境 · 家庭成员看护能力不足 · 家庭事故频发 · 卧床老人数量增加 · 褥垫老人数量增加等

⑤　其他改造居住环境的效果

改造居住环境，除了要解决上述四大问题之外，还会提升老年人、残疾人的自立意识，激发他们的生活愿望，减轻家庭成员的护理负担，把他们从繁重的家庭护理中解脱出来，达到家庭关系更加和睦的目的。这样的居住环境改造工程，无论对护理人员还是护理对象，带来的好处是无法估计的。

❺ 无障碍化的现状

正如前文论述的那样，无障碍设施改造可以有效减少老年人家庭事故的发生。但无障碍化又不单指防止家庭事故，同时还包括为老年人增设轮椅等福利设施，确保过道、出入口宽度，帮助老年人、残疾人等居家养老者能够自理生活等内容。① 安装两处以上扶手，② 室内没有高差，③ 走廊等处轮椅可以自由通行。能满足上述①～③点（无障碍设施三要点）（图1-2）的住宅为数极少，对于日本住宅来讲，距实现无障碍设施化的目标还相差很远。

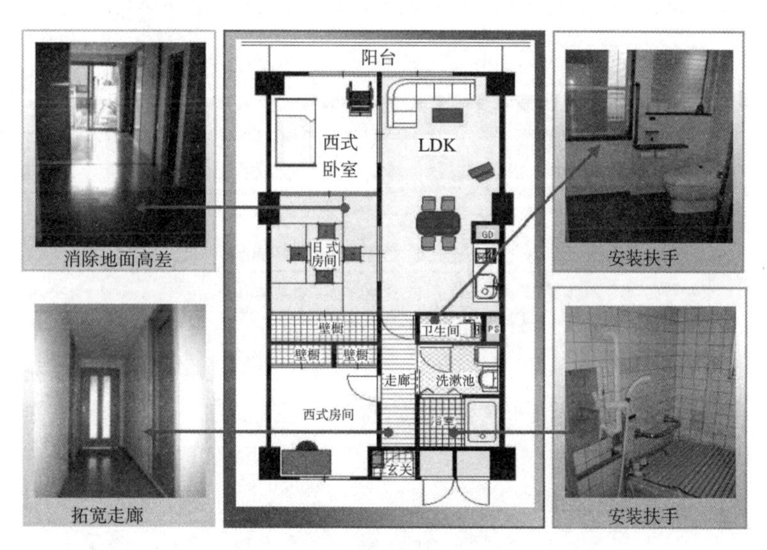

◇ 图 1-2 无障碍设施三要点 ◇
（出处：《为居家疗养而进行的居住环境改造》佐桥道广著，欧姆社，2009 年）

从满意度调查来看，居住在“完全具备上述三点设施”住宅的家庭满意率，要大大高于居住在“一条都不具备”住宅的家庭。我们由此看出设计适合老年人身体和行为特点的住宅和改善居住环境的必要性，已经成为现代社会必须解决的迫切问题。

1·2　对老年特征与残障、病症的解读

❶ 因年迈或疾病导致的残障及病症

老年人随着年龄的增加，不仅身体各个器官的功能逐步衰弱，还会因疾病导致各种各样的障碍或病状。同样，残疾也各有不同，和老年人患病一样出现各种不同的障碍和症状，其中有先天的，也有后天发病所致，或者是持续发展的。要掌握不同病因产生的不同障碍和症状，然后对症下药，采取不同的改造措施，这对于推进居住环境改造尤为重要。

❷ 伴老性身体特征

随着年龄的增长，身体器官的老化并非所有人都有相同的感觉，而是因人而异，发生在身体的不同部位。老年人具体的身体功能差异汇总在表 1-4。

老年人的身体特征　　表 1-4

身体功能	身体特征（功能衰弱）	发病症状・残障
神经・肌肉功能	爆发力・灵敏度・支撑力・平衡感	摔倒・支撑力不足・姿势持续能力减弱
视觉・听觉功能	视力・明暗适应力・听力	老花眼・白内障・青光眼・耳聋
骨骼功能	胶原不足・缺钙	骨质疏松・骨折
心・血管功能	血管弹性	高血压・失眠・动脉硬化・心肌梗塞・心房狭窄
肾脏・泌尿系统	过滤・排泄功能	尿急・尿频・尿失禁・尿路感染
呼吸功能	肺活量・最大排气量	肺炎・肺气肿・肺结核
消化功能	分泌唾液・胃液・吞咽功能 消化吸收・蠕动功能	吞咽困难・便秘・食欲不振・口干

❸ 老年心理与精神特征

人到老年不仅身体功能下降，而且精神状态的变化也很大，改造居住环境的同时，还要注重“保留原有熟悉的环境”、“便于收拾存放”、“能和邻居

老年心理・精神特征　　表 1-5

① 记忆力衰退
随着年龄的增加，同时在短期内记住许多事情也变得困难了。另外，为了将短期记忆更长久地储存起来，整理这些信息的能力和检索以往记忆内容的能力也都降低了
② 认知能力的变化
所谓认知能力，是对周围环境的综合处理能力，它分为应变型认知能力（对于各种不断变化的课题和环境先天的处理能力）和结论型认知能力（凭借学习、总结经验而掌握的，后天形成的聪慧才智）两种，随着年龄的增加，应变型认知能力在 20 岁时处于高峰，随后开始下降。而结论型认知能力的上升期往往到 60 岁，也有人还能保持一段时间
③ 思考力・注意力下降
联想反应是自己心中带有情绪上、愿望倾向的，对于复杂问题，注意力和控制力下降

交流”的户型设计，这些设计要点至关重要。对于老年人表现出的心理、精神上的特征，请详见表 1-5。

❹ 老年特征与居住环境改造

由于老年人身心功能下降，住宅改造中要消除哪些生活中的不便之处，请详见表 1-6。

老年特征与居住环境改造　　表 1-6

功能		老年人特征	问题	环境改造的要点
身体特征	神经·肌肉功能	·肌纤维减少变细，造成臂力减弱 ·平衡功能降低 ·运动神经传导力减弱	·臂力减弱 ·姿势的保持能力降低 ·瞬间爆发力 敏捷性减弱 摔倒原因	·安装扶手 ·消除高差 ·铺设防滑地面 ·使用拉门 ·改成坐便等
	视觉功能	·视力下降，视野异常 ·水晶体浑浊（再发展会导致白内障） ·眼压高导致绿内障（再发展会失明） ·缩瞳现象 ·瞳孔对反射光和条件反射能力减弱	·看东西困难 ·分辨色差能力减弱 ·在昏暗处看东西困难 ·感到刺眼 ·上楼梯困难	·适宜的照明环境 ·设置色差明显的标识 ·放大标识 ·安装扶手 ·设计缓坡、台阶 ·安装地面灯 ·安装楼梯升降机等
	听觉功能	·听力弱化 ·语音辨别能力下降 ·对语言的理解力下降	·对高音域分辨不清 ·逐渐发展到对低音域也听不清	·营造高度清晰的声音环境
	骨骼功能	·骨质疏松 女性：在闭经期以后 男性：在 80 岁以后 日本每年约有 12 万人受伤 容易引发骨折（骨质变脆，哪怕微小的外力也会导致骨折）。	因上年纪、运动量减少而出现的生理问题 因缺钙等引起的营养问题 容易跌倒 ·脊椎体压迫造成骨折 （老年人骨折最多的是当臀部着地跌倒时骨折） ·大腿骨骨折 （骨折后要长期卧床休养） 桡骨、尺骨远位骨折 （因绊倒手先着地的骨折）	·安装扶手 ·消除高差 ·清理整顿室内物品的摆放等 重要的是有一个避免摔倒的安全环境 骨折后 ·长期卧床或因打石膏致使身体活动受到限制 脑中风患者 ·尽早下床 ·尽早活动 ·恢复全身运动
	心·血管功能	·血管弹性不足	·动脉硬化·心房狭窄 ·心肌梗塞·高血压 禁止剧烈运动	·安装采暖设施 ·设计缓坡台阶 ·安装楼梯升降机等
	肾脏·泌尿系统	·透析·排尿功能弱化 ·膀胱口萎缩、膀胱弱化	·排尿控制功能减弱 ·排尿次数增加	·将厕所临近卧室 ·安装温控冲洗式坐便器等
	呼吸功能	·胸部运动减弱，肺活量、最大换气量减弱 ·黏膜绒毛运动减弱	·肺炎·肺气肿·肺结核 禁止剧烈运动	·安装空气净化机 ·设计缓坡台阶 ·安装楼梯升降机等
	消化功能	·唾液分泌功能弱化 ·咀嚼吞咽功能降低 ·肠蠕动能力降低	·口渴感 ·吞咽不便 ·便秘	·厕所安装采暖设施 ·安装温控冲洗式坐便器等
心理特征		·怀旧情结强烈 ·接受新事物能力减弱	·适应环境变化的能力下降 ·怀旧情结强烈	·保留熟悉的环境 ·便于邻里交流的户型设计等

1·3　针对不同老年患者的无障碍改造要点

❶ 脑血管障碍患者居住环境的改造

大家都知道脑血管障碍是老年人最为常见易患的代表性疾病，根据大脑损伤的部位、有无合并症以及发病年龄的不同，发病症状也不尽相同，其特征是多在身体的半侧发病。针对不同患者进行的福利性居住环境改造，将患者的活动能力分为户外行走、室内行走、轮椅、卧床四个等级来探讨（见表 1-7）。

脑血管患者：居住环境改造要点　　表 1-7

病　症	病因・症状	居住环境改造要点
脑血管障碍	脑血管患者（脑中风）分为以下三类： ①脑出血：高血压等造成脑内血管破裂出血……脑出血 ・80% 的病因是高血压 ・短时间内出现头痛・神志不清・麻痹等症状 ②大脑表层血管破裂……蛛网膜出血 ・先天性，或因年轻时长的网膜下的动脉瘤破裂而引发 ・剧烈头痛引起神志不清，虽不致命，大多会遗留痴呆、麻痹。 ③ 脑血管栓塞……脑梗塞 1. 动脉硬化型脑血栓（粉瘤血栓）脑内较粗血管充满粥样脂肪。 2. 腔隙性脑梗塞 大脑内深层毛细血管动脉硬化引起的，毛细血管被血液中细小血块堵塞。 3. 脑栓塞 从心脏或脑血管涌出的血块（血栓）堵塞了血管 分为以上三种类型。 ・语言不清・半身不遂（单侧麻痹） ・看东西重影・头痛・丧失意识 ・失语等比较轻的症状	・福利性居住环境改造方针要视援助对象的移动能力而定。这点很重要。 室外行走 门口・建筑两侧安装扶手・铺地板 厕所・安装移动用横扶手・L 型扶手 ・消除走廊与地面的高差 浴室・安装扶手・脚踏板 浴缸高度（400 ~ 450mm） 浴缸深度（500 ~ 550mm） 楼梯 ・希望在两侧安装扶手 室内行走 门口・安装扶手・铺地板・消除立体高差 ・采用推拉门 厕所・移动用横扶手・L 型扶手 ・采用推拉门或外开门 ・选用稍高的坐便器 浴室・安装扶手・浴凳・脚踏板 楼梯・两侧安装扶手・楼梯升降机 卧室・选用摇把床 使用轮椅者 门口・坡道（坡度在 1/12 ~ 1/15） ・消除地面高差 厕所・便器前预留护理空间 浴室・坐浴轮椅・固定升降机 ・天花板轨道式提升机 楼梯・室内电梯 卧床 玄关・消除地面高差・设置坡道 浴室・入浴提升机 ・只有淋浴条件下增加采暖设施

❷ 心肌梗塞患者居住环境改造

心肌梗塞是中老年易患的常见病之一，平时应加强预防，患病后需要长期治疗，日常护理也是不可缺少的。对心脏病患者重点是改造环境噪音，以减轻患者的心脏负担。有必要请医生对病人的心脏负荷承受范围予以确认（见表 1-8）。

心肌梗塞患者：居住环境改造要点　　表 1-8

病　症	病因·症状	居住环境改造要点
心肌梗塞	病因　向心脏、血管系统供血的冠状动脉因动脉硬化堵塞导致 ·心绞痛　心脏的肌肉由于一时供血不足产生剧烈疼痛。 ·心肌梗塞　冠状动脉完全堵塞，导致心脏细胞坏死 症状　胸部疼痛持续 30 分钟以上 ·呼吸困难·呼吸痛苦·面色苍白·出冷汗等 ·油脂过高	·重点消除增加心脏、心血管负担的环境要素 ·消除高差·在高台阶处铺垫板 ·注意温差变化（配备冷暖、热水设施） ·安装楼梯升降机、室内电梯 ·在厕所、浴室、睡床的侧面安装紧急呼叫系统 ·为患者提供哪类级别的护理标准，要与主治医生充分协商

❸ 糖尿病患者居住环境改造

糖尿病是与老年人日常生活习惯有关的易患并且占比例较大的代表性疾病。在 2002 年《糖尿病现状调查》（日本厚生劳动省）中显示，包括隐形患者在内，日本糖尿病患者人数已经达到 1620 万人。预防糖尿病已成为日常生活管理不可欠缺的经常性工作。

老年糖尿病患者与年轻人相比，大多数是在不知不觉中患上的，稍一放松，就会导致全身血管或细胞出现障碍，出现如糖尿病眼、糖尿病神经障碍、糖尿病肾炎等各种综合并发症。在研究居住环境改造的基础上，综合考虑针对合并症发展的不同程度确定改造方案是至关重要的（见表 1-9）。

糖尿病患者：居住环境改造要点　　表 1-9

病　症	病因·症状	居住环境改造要点
糖尿病	病因　由于从胰脏分泌的胰岛素不足以降低血液中糖的浓度（1 型糖尿病：依赖外源性胰岛素）和胰岛素不能充分发挥（2 型糖尿病：非胰岛素依赖性糖尿病）而导致持续高血糖的疾病。 ·以肥胖人群居多的 2 型糖尿病占糖尿病患者总数的 95%。 ·空腹血糖值在 110mg/dl 以下 | 126mg/dl 以上 正常 | 临界 | 糖尿病 症状·初期几乎没有感觉 “一旦血糖浓度持续升高” ·口渴·多饮·多尿·夜间尿频·疲劳 ·体重减轻 “一旦长时间持续发展” ·糖尿病视网膜病变 ·糖尿病神经障碍 ·糖尿病肾脏病变 （以上为 3 大并发症） ·此外，随着动脉硬化的发展，导致心肌梗塞 ·脑血管障碍·下肢溃烂·感染症等	·初期不需要对居住环境进行特殊改造，一旦出现并发症，就必须视病情发展考虑改善。 神经末梢障碍 ·活动能力减弱 ·动作的灵活性减弱 ·安装扶手 ·地面铺防滑材料 ·消除地面高差 ·对患有感觉障碍的人 ·不能局部采暖（会导致低度灼伤） 末梢循环障碍 ·由于血液循环不好，小伤口难以愈合 ·出现肢体坏死，有时会导致截肢 ·实行房间整体采暖 ·采用可为下肢保暖的地板采暖 视力障碍 ·由于糖尿病视网膜病变，视力模糊 ·在保证房间整体照明的同时，加大局部照明亮度 ·消除地面高差

❹ 脑中风患者居住环境改造

老年人一旦因患病、残障等需要长期静养或卧床不起，随着活动能力下降，就容易引发相关的合并症。打了石膏的骨折患者和长期卧床的病人，或者长时间身体机能不健全，导致体力下降、肌肉萎缩、骨质脆弱，致使原本尚好的体质过早发病。这种二次障碍不仅体现在脑中风人群(生活不健全病)，其症状会显现于全身。

脑中风如果二次发病则很难恢复，因此，应尽量从早期康复训练开始进行座位平衡、起卧等训练，为了尽早离床、尽早行走、尽快恢复正常生活，这将成为居住环境改造的要点（见表 1-10）。

脑中风患者：居住环境改造要点　　表 1-10

<table>
<tr><th>病　症</th><th>病因・症状</th><th>居住环境改造要点</th></tr>
<tr>
<td>脑中风人群</td>
<td>
病因 ・长期卧床或骨折打石膏板后活动受到限制。 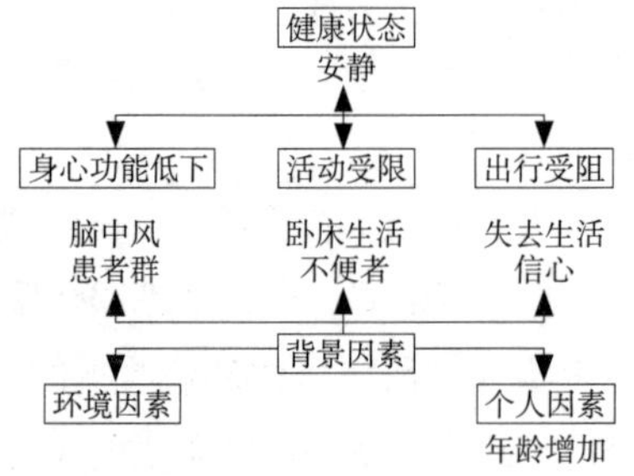
健康状态
安静
身心功能低下　活动受限　出行受阻
脑中风患者群　卧床生活不便者　失去生活信心
背景因素
环境因素　个人因素
年龄增加
图　应用 ICF 脑卒中核心功能组合表达
症状　参照下表
・体力下降・肌肉萎缩・拘挛
・骨骼疏松・站起型低血压・持久力下降
・肺活量下降・吸入性肺炎・食欲下降
・便秘・郁闷状态
・智力低下等
表　脑中风人群的症状
<table>
<tr><td>骨骼系统</td><td>体力下降　肌肉萎缩
骨骼疏松</td></tr>
<tr><td>心血管系统</td><td>站起型低血压・持久力下降</td></tr>
<tr><td>呼吸器官</td><td>肺活量下降</td></tr>
<tr><td>消化系统</td><td>食欲下降　便秘</td></tr>
<tr><td>神经系统</td><td>郁闷状态　智力低下等</td></tr>
<tr><td>泌尿系统</td><td>尿结石　排尿困难　膀胱炎</td></tr>
<tr><td>皮肤</td><td>皮肤萎缩　褥疮</td></tr>
<tr><td>内分泌</td><td>雄激素下降　精子成活量少</td></tr>
</table>
预防
・尽早离床
・尽早行走
・尽快恢复正常生活
（以上三项）居住环境改造的重点
</td>
<td>
促进患者尽早离床的居住环境改造
[安装特殊病床]
・促进座位训练
・调整床的高度
固定座位：使脚后跟能完全着地
・床垫硬度
合适的硬度：防止褥疮，要经常按摩
按摩时，床垫的硬度要适中
促进患者尽快离床的居住环境改造
[使用便携式便盆]
・避免使用尿不湿
・病床一侧配备便携式便盆
对不能去厕所的患者也不能使用尿不湿，而在病床旁放置便携式便盆（促使患者尽快下床行走）
・放置便盆的高度应保证患者的双脚能踩到地面，从而保持座位姿势。
[安装扶手、拐杖、助步器等辅助用具]
・安全移动
・扩大活动范围（提高生活品质）
沿通往各个房间的动线安装扶手，消除地面高差，再使用扶杖、助步器等福利性辅助用具，保证患者安全放心行走。
促进患者恢复正常生活的居住环境改造
[提高生活质量的考虑]
・提高生活兴趣
・把床安置在靠近起居室的地方
避免产生被家人疏远的感觉，浓厚家庭氛围。
・创造方便外出的环境
改造成便于外出散步、利于康复的环境
・聘请教练开展一些生动有趣的康复训练
</td>
</tr>
</table>

❺ 帕金森患者：居住环境改造要点

帕金森病是以震颤、僵硬、缓动和姿势反射障碍为特征的神经性疑难疾病。随着病情的发展，摔倒的危险在增加，护理病人的负担一旦加重，就需要对居住环境进行改造。由于病人的身体状况每天、每周都会有变化，在对住宅环境实施改造时，应尽量避免动静过大。甚至细微之处也要根据病人的情况能否允许再进行（见表 1-11）。

为了延缓病情的发展，要准确判断病情和症状，按照帕金森病 1-5 级的重度等级分类进行环境改造，这点不能忽视。

帕金森患者：居住环境改造要点　　表 1–11

病　症	病因・症状	居住环境改造要点
帕金森病	病因 中脑的“黑质”细胞发生病变后，多巴胺的合成减少， 症状 帕金森病四个典型症状特征 ①震颤（手脚抖动） ②僵硬（肌肉僵直） ③缓动（行动迟钝，动作缓慢） ④姿势反射障碍（很难长久保持一种姿势） 其他症状 ・关节变形・拘挛・身体前倾 ・脚趾痉挛・语无伦次・步态慌张 ・走小碎步・躯体姿势前屈等 帕金森病情等级分类 Ⅰ级：单侧障碍，轻度功能下降。 Ⅱ级：两侧肢体和躯干症状，平衡反应正常。 Ⅲ级：出现轻度动作反应障碍，身体功能逐渐减弱，但日常起居尚不需要专门护理。 Ⅳ级：身体功能障碍继续加重，部分重者的生活起居开始需要护理 。 Ⅴ级：处于卧床状态，生活完全依赖他人护理。	留意点 ・由于是发展性疾病，居住环境改造只能按照病情的等级逐步进行。 ・由于病情变化较大(每天、每周都会有变化)，病人应保持平稳运动。 玄关・行走困难的病人难以保持平衡，不能铺设坡道，只能安装铺板和扶手。 厕所・缩短步行距离，简化步行空间 ・消除地面高差・采用推拉门 ・保证护理空间 ・便器两侧安装扶手（如设在单侧应考虑采用便于护理的可动式扶手） ・帕金森患者有夜间尿频的特点，夜间可预备便携式便盆。 浴室・简单的平面设计 ・进出浴缸，病人可利用站姿高度的扶手，两脚先后进入。 ・较浅的浴缸要设置浴凳。 ・脚趾痉挛时，要在出入房间的地面每隔 20 ~ 30cm 粘贴彩色胶带，便于行走。

❻ 风湿关节病患者：居住环境改造要点

风湿关节病由全身关节的炎症引起，出现红肿、疼痛，引发关节变形、行走困难等功能障碍，属于全身性炎症的疾病，患者中女性约占 70%。

随着病情发展关节受损，多数会出现变形或拘挛 ，导致肌肉萎缩或握力减弱，造成行走或日常起居等障碍 。因此，福利性居住环境改造工程要针对患者关节痛、手指关节变形、体力下降后容易摔倒等症状，在保证安全、保护关节的细节上给予考虑（见表 1-12）。

❼ 骨折患者：居住环境改造要点

老年人的骨折患者中，多数是由于摔倒造成的，最终会导致卧床或脑中风。由于高龄体力下降，关节的灵活性减弱，步行时抬脚困难，又掌握不好平衡，很容易摔倒。骨骼方面由于骨质疏松的原因，稍微遇到外力就会骨折。因此，居住环境改造工程要把防止老人摔倒作为改造的重点（见表 1-13）。

关节风湿患者：居住环境改造要点　　表1-12

病　症	病因・症状	居住环境改造要点
关节风湿	病因　由于包裹手脚关节的滑膜发炎或增生所致。多数患者的关节疼痛、肿胀，或自身免疫力低下造成〈原因不明〉 症状 ・关节僵硬（晨僵） ・关节疼痛（疼痛多在早晨，安静时也痛，容易受天气变化的影响） ・肿胀 「病情不断发展」 ・手脚关节会发生各种变形 ・偶尔导致类风湿结节（肘、膝盖、脚关节上的硬结） ・大约半数以上患者的病情会出现时好时坏的反复发作 「慢性关节炎」 ・由于关节疼痛、肿胀，致使活动范围受到限制（这种关节上的变化，多数会发生在左右同一关节，加上体质下降，使走路、日常生活受到限制）	・为风湿关节患者实施居住环境改造时，要注意避免给关节增加负担，由于寒冷、低气压和冷风都是加重病情的原因，要充分考虑安装采暖设备、日照等室内环境要素 地板　・要选择合适的鞋（根据地面材料的质地，选择软底鞋或拖鞋，以减轻脚的疼痛） ・消除地面高差 厕所　・调整坐便器高度。 ①更换残障人专用坐便器（高度为 450mm） ②设置辅助坐便器 ③加高坐便器的台座 浴室　・安装适合患者病情的浴缸 ①下肢关节不能弯曲的患者：选择加长浴缸 ②下肢关节萎缩不能触到浴缸底部的患者：要在较深的浴缸中加设坐凳，患者可以坐浴 ・在浴缸上安装可移动座扳 其他　・在隔扇、拉门上改装棍形把手 ・安装扳把式水龙头 ・提升卧床高度 ・利用辅助用具帮助患者更衣

骨折患者：居住环境改造要点　　表1-13

病症	病因・症状	居住环境改造要点
骨折	病因　分为三类 ・外伤性骨折：骨结构正常，因外部重力撞击引起的骨折 ・病理性骨折：骨头本身因骨质疏松、癌等病因，使骨头结构变得脆弱，在不足以引起正常骨骼发生骨折的轻微外力作用下，即可造成骨折 ・劳损性骨折：从事体育运动选手等经常重复同一动作，渐渐地使骨质受损，导致骨折 症状　分为两类 ・封闭性骨折（单纯骨折）：指皮肤软组织相对完整，没有伤口 ・开放性骨折（复杂骨折）：指骨折处有伤口，骨折端已露到外面	・老年人骨折，多数都是因为摔倒引起的（参见表 1-6 骨骼功能） 重要的是为老年人提供一个避免摔倒的安全环境 ・安装扶手 ・消除地面高差 ・清理室内环境 通过福利性居住环境改造评估，确认是否存在导致老人摔跤的原因 ・电线不能暴露在外面 ・要选择防滑拖鞋等

❽ 痴呆症患者：居住环境改造要点

老年痴呆症是因后天大脑器官受损，使正常的智力因此变得持续低下，最后发展到性格变异，日常生活出现障碍的状态。其症状呈持续，分阶段发展。特征表现为智力低下、记忆障碍，动作功能障碍，以及随后产生的判断能力低下，精神状态因人而异，会引发各种怪异举止，与护理身体其他部位疾病的人相比，痴呆症病人的护理负担格外繁重。

因此，护理老年痴呆病人不仅仅是家庭问题［见表 1-14（b）］，为了减轻繁重的护理负担，制定合理的实施对策是解决问题的第一步。

痴呆症患者：居住环境改造要点　　表 1-14

病　症	病因·症状	居住环境改造要点
痴呆症	（见下）	（见下）

病因·症状

·2002 年在日本需要援助、护理的 314 万老年人中，就有 149 万人患痴呆症，占约半数

表（a） 未来老年痴呆症患者的估计

患痴呆症的老年人	2002 年	2015 年	2025 年
自理能力二级以上	149	250	323
自理能力三级以上	79	135	176

（万人）

病因　一次痴呆症

脑血管性痴呆症

·高血压·动脉硬化等

阿尔茨海默病性痴呆

·原因不明

二次痴呆症

·病毒或感染传染性病原体（普利昂）

·代谢异常（甲状腺功能低下症·副肾皮质功能低下症等）

·酒精依赖症·水银中毒等

症状

·原本正常的智力开始出现记忆力、判断力持续下降的状态

·已经不能适应日常生活和社会生活

·出现影响日常工作的行动障碍

·痴呆症的发病过程，会因发病程度的差异表现出不同的症状

轻度：好忘事·遗失物品等

中度：不能购物·走失

重度：不能分辨家人·大小便失禁等

·痴呆症主要以记忆障碍、行为障碍为核心症状，还会出现如：精神上（虚构、妄想、抑郁等），怪异行为（徘徊、谵妄、不洁行为）等特征（见下图）

核心症状
记忆障碍·行为功能障碍·判断力、抽象思维能力下降
失语·失行·失认等

因病情差异而产生的症状

⇩

痴呆症

⇩

从核心症状再次引发的症

周边症状
谵妄·不睡·徘徊·异食多动
·兴奋·焦躁·不洁行为·抵触护理·出走迷失·妄想·幻觉·抑郁状态等

表（b） 家属的配合方法

家属负担程度评估	听取家属对现状描述，对护理负担的程度做出评估
强化家属协作体制	不要把护理的负担集中到一个人的身上，而要由大家共同分担
亲属间的相互帮助	对护理人员的理解和相互支持
利用社会资源	熟悉掌握周边可利用的资源
地区参与	争取获得当地居民们的理解与支持

居住环境改造要点

生活上应注意的要点

尊重患者的个性

·痴呆症会伴有精神症状和怪异行为，这与老年痴呆患者的生活经历紧密相关，一定要理解老人的人生经历，采取与患者个性相适应的办法

尊重患者的意图和想法

·当遇到需要老年痴呆症患者来做决定引起老人情绪激动时，要根据本人的意愿与家属协商

培养有规律的生活

·老年痴呆患者由于夜里不睡等，打破了正常的生活规律，一定要帮助他们恢复有规律的生活习惯

要激发患者的生活热情

·老年痴呆患者由于智力下降和自发性体衰，致使生活自理能力逐渐下降，但并不是什么都不能做，可以给患者适当的刺激或生活动力，还可以预防痴呆症的加重发展

表（c） 能刺激患者意识的环境改造

识别刺激	悬挂大号字的表、醒目的日历等
回忆往事	翻看相册、把照片装裱好悬挂起来
视觉刺激	居室周围摆放绘画、照片、鲜花等
适当的劳作	庭院、花坛、菜园、养小宠物、与子孙嬉耍

避免环境变化

·老年痴呆患者对环境变化的适应能力低下，家具位置的变化都会引起混乱，因此，变动的幅度要小，以免引起错乱

辅助治疗

·给患者服用精神类药物后，会改善妄想、幻觉等精神方面的症状，但还要对其副作用做定期的治疗。

可控制环境

·将家居环境改造为将病人控制在家属视线的范围之内

防止摔倒的措施

·沿患者的移动动线安装扶手，消除地面高差。在浴室、台阶等处做防滑处理，在台阶、走廊安装地灯，清整房间杂物，预防患者跌倒

处置住宅内的危险

·安装火灾报警器、自动灭火器、自动洒水灭火器、煤气泄漏报警器

将刀具、药品、洗涤剂、香烟等存放在患者看不到的地方

患者走失的对策

·安装走失检测报警系统、安装栏杆诱导活动范围，一直将患者置于可监控范围内

大小便失禁等不洁行为的对策

·缩短到达厕所的动线距离，在厕所或沿途贴上标记，地板做防水、排水处理。病人失禁后的污物可用水冲净，还可就近设置一个用便盆替代的小便处

在对老年痴呆患者的住宅实施环境改造时，首先要充分考虑这类患者的病情特征和怪异行为的问题，提供能带给他们精神安定、温馨安全的居住环境。再有，老年痴呆患者对周围环境的变化适应能力差，尽量不要变动居室家具的位置，保持以往熟识的居住环境，使他们生活得更加安心。

对于老年痴呆患者来说，不仅要保证安全的居住环境，还要有方便护理的空间，以维持患者现有的生活能力和精神状态，尽可能实现自理的生活（见表 1-14）。

1·4　无障碍改造协作的必要性

❶ 相关职业协作对于推动居住环境改造事业的作用

居住环境改造事业是与多个领域多种职业相关联。具体有哪些领域和职业，他们在居住环境改造事业中将起到哪些作用，详见表 1-15。

与福利性居住环境改造相关的专业与职能　　表 1-15

职业种类	与住宅环境改造相关的职能
——医疗领域的相关职业——医疗领域几乎所有的国家资质	
医师（国家资质）	·符合日本“医师法”·“医疗法”的规定，是医院等诊疗机构的核心专业。在护理保险制度中，承担签写护理认定的鉴定意见书，提出上门护理或上门护理指导、提出预防护理意见以及入户诊疗等职责 ·从医疗诊治的角度对有关住宅改造以及福利用具等事宜给出建议
护士（国家资质）	·符合日本“保健师助产师护士法”的规定，在医疗·福利保健现场，遵照医嘱，协助医生完成诊察、治疗以及护理等工作。在护理保险制度中，从事上门护理、预防看护护理、上门洗浴护理等工作 ·在入户护理的同时，还要了解收集患者在居家生活中利用福利设施，身体功能以及恢复情况的相关资料
保健师（国家资质）	·符合日本“保健师助产师护士法”的规定，从事团体体检、健康咨询、疾病预防、健康义诊，健康指导，推进健康保障等工作。在护理保险制度中，作为护理援助专员对辖区内老年人的健康和生活进行预防护理及其援助 ·对轻度护理受援者和体弱老人，原则上由区域护理援助专员（包括救助中心的保健师）来承担，同时负责从中获得相关信息
理疗师（国家资质）	·符合日本“理疗师及作业疗法师法”的规定，负责按照医生的指示，对患者的障碍部位采用运动疗法或物理疗法进行基本动作恢复训练。在护理保险制度中，承担老年保健机构的医疗训练指导，或在老年福利康复站进行接待、咨询等职责 ·鉴定患者的行走能力，在有关住宅改造或选择福利用具时提出专业性建议
作业疗法师（国家资质）	·符合日本“理疗师及作业疗法师法”的规定，按照医生的指示，主要针对身体以及有精神障碍的患者进行适当的行为能力、社会适应能力的恢复治疗、指导、援助。在护理保险制度中，在老年保健机构的康复站进行训练指导，接受到所或上门康复训练、咨询等职责 ·在选择适合患者日常生活福利用具以及住宅改造时，提出适当的建议
语言治疗师（国家资质）	·符合日本“语言治疗师法”的规定，负责对有语言听觉障碍的儿童(患者)进行语言听觉训练，并进行必要的检查、建议、指导等职责。在进行以康复为主的物理疗法（PT）、作业疗法（OT）治疗过程中，兼顾对福利用具进行宣传，并对福利性居住环境的改造提出合理建议
——与福利领域相关的职业—辅助老年人、残障者日常生活的职能	
护理援助专员（国家资质）	·符合日本“护理保险法”的规定，从事对护理申请人情况进行鉴定、制定护理服务计划等护理管理职能。主要负责居家养老援助机构或护理保险设施机构中的护理保险的业务工作 ·护理援助专员的主要职责就是提供护理保险政策，包括福利性居住环境改造在内的持续的护理援助工作
社会福利师（国家资质）	·符合日本“社会福利师及护理福利师法”的规定，负责对日常生活中的残障人士进行有关福利政策的咨询辅导帮助。在护理保险制度中，承担辖区包括援助中心职能中的重要职责 ·不受专业所限，社会各界人士均可协商应聘
护理福利师（国家资质）	·符合日本“社会福利师及护理福利师法”的规定，负责为患者提供洗澡、如厕、吃饭等必要的生活护理，并对受护理者及家属进行护理辅导。在护理保险制度中，作为福利设施中的男女服务员、老年护理保健机构的专职人员，以及对居家养老者家中的特护人员，都要随时收集老人居家生活的各种信息
精神保健福利师（国家资质）	·符合日本“精神保健福利师法”的规定，负责对精神障碍人士进行有关融入社会、回归社会问题的咨询、辅导以及相关日常生活训练等工作。负责对精神障碍者在回家康复之际进行有关保健、福利支付制度、援助制度的咨询援助服务

续表

职业种类	与住宅环境改造相关的职能
社会工作者	·是对从事社会福利事业人士的统称，没有资格限制，广泛就职于社会福利、行政管理、医疗领域各岗位，为服务对象及家属提供咨询援助、讲解相关政策信息等工作。在医疗机构工作的社会工作者称为医疗社会工作者MSW，主要解答患病、残障人士及家属提出的问题和提供相关援助
行政职员（地方公务员）	·指在日本都道府县或市街村各级行政部门的人员，负责对市街村内申请护理保险、住宅改造经费报销的审定工作
——与福利用具领域相关的职业——从事福利用具行业的职业种类	
假肢安装师（国家资质）	·符合日本“精神保健福利师法”的规定，在医生的指导下负责为患者提供辅助身体功能的假肢、装具、安装部位的采型、尺寸、制作以及试戴工作，多为民营义肢装具公司员工，为签约医院或康复诊所提供服务
福利用具咨询员 福利用具设计师	·所谓福利用具专职洽谈员是指通过了日本厚生劳动大臣规定的进修课程，或取得都道府县知事认可的同等学力并获得执业资格者。负责福利用具的选定、调整、使用指导、监控等帮助使用者正确舒适利用等工作。福利保险制度中福利用具的租借（售卖）公司中必须设两名以上义务服务人员。另外，所谓福利用具设计师是指为了培养福利用具的设计能力，日本（财）技术辅助协会举办定期培训班，进修全部课程并取得资格者
康复技师等	·是指在康复工程学领域，从事轮椅、假肢装具、通信器械等福利器材的开发、制作等职业的技师。凡在康复中心等场所为患者提供服务的均称之为康复工程学技师，不需要特殊资质
——与建筑领域相关的职业——从事与住宅环境改造相关职业	
建筑师（国家资质）	·符合日本“建筑师法”的规定，具有建筑设计、工程监理等资质，分为一级建筑师·二级建筑师·木结构建筑师三种资质
室内装潢设计师 室内规划师	·室内装潢设计师要具有室内装饰设计、为选购相关装饰品提出建议等资格，并通过由（株式会社）室内装潢产业协会举办的资格考试并合格者，考试资格没有限制 ·室内规划师要具有能够从事室内装潢设计、工程监理等工作的资格，经过（财）建筑技术教育普及中心的培训，年满20岁以上者方可参加考试
公寓改造经理	·依据公寓的区分所有权，掌握公寓内居住者的条件，同时兼有针对制约条件提出改造规划、设计、工程监理等职责。参加（财）住宅改造·纠纷处理救援中心举办的资格考试。参试资格没有要求，但要在中心注册，要求具有多年的建筑施工经验，并且不断更新
工程扩建洽谈人员	·住宅翻新改造之前，负责选定施工单位、指导、洽谈工程款等业务。要经过（财）住宅改造·纠纷处理救援中心举办的培训班，考试合格后并在同一中心注册。住宅建筑的实际经验要在十年以上
建筑公司 住宅商 建筑设计事务所	·在新建、扩建住宅时进行委托。最好选择具有建筑师资质的建筑设计事务所承担建筑设计，主要负责建筑设计、监理、调查、业务审批确认等事项
其他与建筑相关的职业	·必须有经过专业考试以及技能考试资格的木工、架子工、钢筋工、焊接工、泥瓦工、管道工、煤气、电力工程等专职人员

❷ 相关专业与领域

为了推进针对不同身心状态和生活环境的老年人、残障者而进行的居住环境改造工作，如果是护理保险对象，要以护理援助的专职人员为中心，并且与医疗、保健、福利、建筑等诸多领域的联手协作是很重要的（见表1-15）。为了给老年人、残障者提供合适的服务，必须经过各部门专职人员之间协商课题，达成合意做出决定的过程。就是说与居住环境改造相关的医疗、保健、福利、建筑等专职人员要打破援助机关的壁垒和各自活动领域的局限，形成相互协助、相互支援的研究团队是很重要的。

图 1-3 显示的就是在推进研究团队的基础上制定出的协作原则。

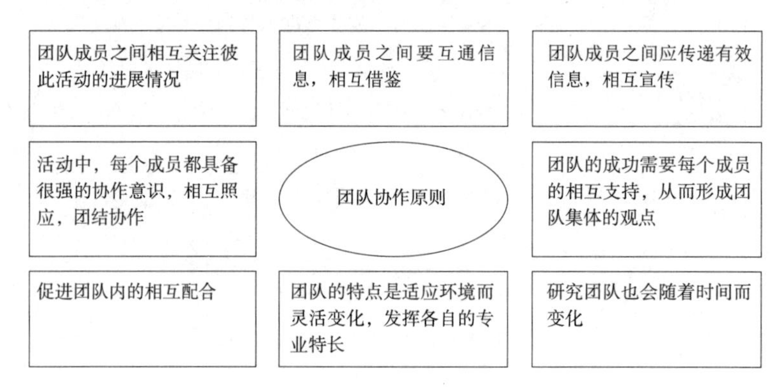

◇ 图 1-3　研究团队的协作原则 ◇

❸ 福利居住环境改造的协作

各部门的专职人员作为福利居住环境改造的支援力量，起着① 促进老年人、残障者的自立能力，② 减轻家属的护理负担，③提高住宅的安全性三大作用。为实现这些重要的作用，详见图 1-4 的网络示意图。

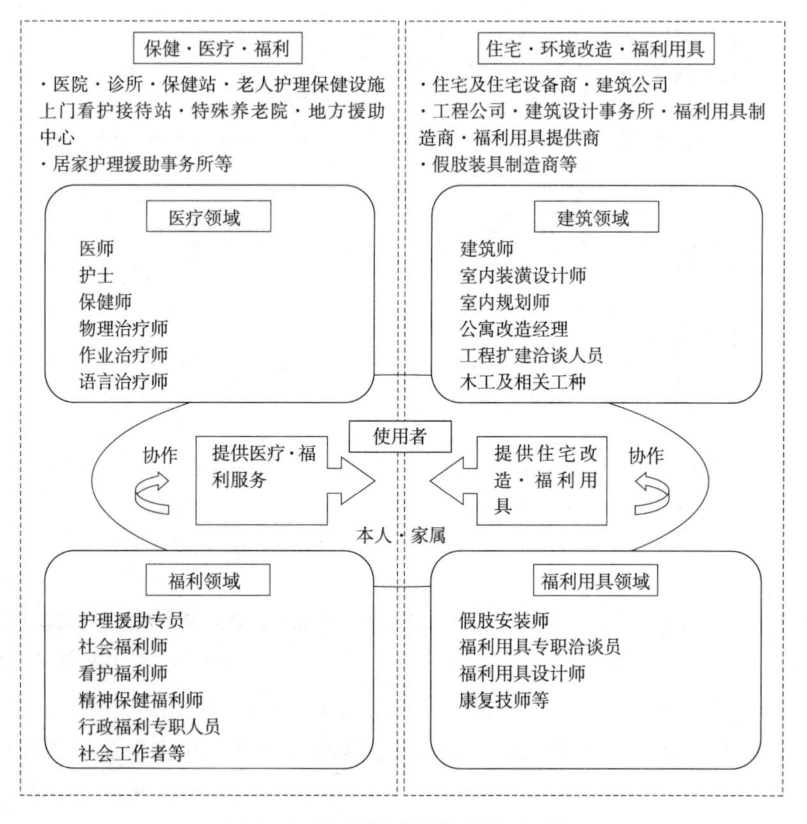

◇ 图 1-4　福利居住环境改造的网络示意图 ◇

❹ 居住环境改造必要的信息收集工作

搜集老年人、残障者居住环境改造所必要的信息，不是单一专业的职责，需要医疗、保健、福利、建筑等相关专业部门相互协作，组成团队，信息共享。表 1-16 对要有哪些专业队伍，提供哪些信息进行了归纳整理。

收集信息与专职人员　　表 1-16

居住环境改造必要的信息	专职人员
本人身体状况	医师、护士、物理理疗师、作业理疗师等
本人·家庭生活状况	本人、家属、护理援助专职人员、保健护士、护理福利人员、社会福利人员、社会工作者等
护理保险·公共服务·优惠政策的利用情况	护理援助专员、行政福利人员、社会福利人员、社会工作者等
家庭住房信息	建筑师、土木工程公司、木工等
对环境改造的需求	本人、家属等
资金预算	本人、家属、行政职员等

① 医疗领域信息

老年人、残障者即使患同样的疾病，而每个人的运动能力、起居方式、反应能力等身体状况都会有较大的差异。另外，通过康复训练，身体状况开始逐渐恢复的情况下，考虑到病情发展过程中是否会发生病变，故而随时收集医疗信息是很重要的。

这样的医疗信息对于如何选择福利用具及使用方法，用什么样的改造方式才能够有效提高生活质量。同时，是否有必要进行超前的住宅改造判断方面将起到很大作用。

② 福利领域信息

包括居住环境改造在内的福利服务信息，对于老年人、残障者住惯了的环境，帮助他们恢复日常生活自理是不可欠缺的。包括正式（按照国家现行制度举办的活动）和非正式（不拘泥制度而自发开展的援助活动）在内的社会援助也是很必要的。

③ 建筑领域信息

实际上，在承担住宅设计、预算、施工时，必须获得建筑专业相关法规、房屋构造方面的资料信息。假如仅凭借医学、福利方面的信息，即使本人和家属提出的改造方案，也有因不符合建筑设计规范或结构设计标准而被拒绝的实例。

第2章

无障碍改造的筹划
——从咨询到实施

2·1 无障碍改造的实施程序与商谈办法

❶ 实地调查的方法

在研究具体的福利居住环境改造问题时，首先，要对申请者本人的生活环境进行确认，这点很重要。老年人、残障人士的生活状况包括疾病、体能、日常行为动作、生活方式等因素也会因人而异。必须对申请者的居住环境，如何生活，能否自主行走等进行现场确认。因此，要充分利用图 2-1 所示的福利住宅环境改造确认单，边询问边填写，做好与本人及家属的沟通工作。

<table>
<tr><td colspan="2">案例序号</td><td></td><td>男·女</td><td colspan="2">年龄： 岁</td><td colspan="4">发病时间：昭·平 年 月</td><td colspan="3">痴呆症： 有·无</td></tr>
<tr><td colspan="3" rowspan="2">疾病：</td><td rowspan="2">护理程度：</td><td colspan="2">需要援助</td><td colspan="5">需要护理</td><td colspan="2">残疾人手册： 级</td></tr>
<tr><td>1</td><td>2</td><td>1</td><td>2</td><td>3</td><td>4</td><td>5</td><td colspan="2">护理人：</td></tr>
<tr><td colspan="13">家庭构成：1. 单身 2. 夫妇 3. 其他（ ）共计（ ）其中 65 岁以上老人（ ）人</td></tr>
<tr><td colspan="2" rowspan="7">运动功能障碍
残障位置用斜线表示
1 2
3 4</td><td colspan="11">语言障碍（有·无）视力障碍（有·无）听力障碍（有·无）内部障碍（有·无）</td></tr>
<tr><td colspan="11">移动方式：1. 独立行走 2. 拄拐杖行走 3. 靠护理人伴行 4. 挪步行走 5. 坐轮椅 6. 全护</td></tr>
<tr><td colspan="2">日常行为动作（ADL）</td><td>起居动作</td><td>用餐动作</td><td>更衣动作</td><td>排泄动作</td><td>梳理动作</td><td>洗浴动作</td><td colspan="3">评价标准</td></tr>
<tr><td colspan="2" rowspan="4">评价</td><td rowspan="4"></td><td rowspan="4"></td><td rowspan="4"></td><td rowspan="4"></td><td rowspan="4"></td><td rowspan="4"></td><td colspan="3">3：自理</td></tr>
<tr><td colspan="3">2：看护</td></tr>
<tr><td colspan="3">1：半护</td></tr>
<tr><td colspan="3">0：全护</td></tr>
<tr><td colspan="7">住房形式：独门独户·小区（产权房·私租房·公租房）2 层</td><td colspan="4">结构：木结构 钢筋混凝土</td><td colspan="2">工期： 天</td></tr>
<tr><td colspan="7">护理保险住宅改造费用的利用情况 （有·无）</td><td colspan="6">住宅改造费利用额： 日元</td></tr>
<tr><td colspan="7">身体残障者住宅改造费用补贴政策的利用情况 （有·无）</td><td colspan="6">公费补助额： 日元</td></tr>
<tr><td colspan="3">厕 所</td><td colspan="3">浴 室·盥 洗</td><td colspan="3">起 居·卧 室</td><td colspan="2">门 口·坡 道</td><td colspan="2">其 他</td></tr>
<tr><td colspan="3">1. 安装扶手
2. 欧式风格
3. 调节便器高度
4. 更换便器
5. 更换门扇
6. 消除地面高差
7.</td><td colspan="3">1. 安装扶手
2. 调整浴缸高度
3. 更换新浴缸
4. 安装热水淋浴器
5. 更换门扇
6. 消除浴室高差
7. 安装入浴升降机</td><td colspan="3">1. 安装扶手
2. 和式改欧式
3. 更换门扇
4. 消除地板高差
5. 安装护理升降机
6.
7.</td><td colspan="2">1. 安装扶手
2. 设置踏板
3. 设置坡道
4. 更换地面铺装材料
5. 设置无高差升降机
6.
7.</td><td colspan="2">1. 安装扶手
2. 消除地面高差
3. 设置坡道
4. 更换地面铺装材料
5. 设置无高差升降机
6.
7.</td></tr>
<tr><td colspan="3">费用： 日元</td><td colspan="3">费用： 日元</td><td colspan="3">费用： 日元</td><td colspan="2">费用： 日元</td><td colspan="2">费用： 日元</td></tr>
<tr><td colspan="3" rowspan="2">福利器具利用情况</td><td colspan="7">□轮椅 □特殊睡床 □扶手 □坡道 □步行器</td><td colspan="3">费用总计： 日元</td></tr>
<tr><td colspan="10">□步行辅助拐杖 □移动助力器械 □便携式便器 □入浴辅助器具 □其他</td></tr>
<tr><td colspan="3" rowspan="2">护理服务介入情况</td><td colspan="10">□上门护理 □上门入浴护理 □上门看护 □上门康复护理 □定期到所护理
□定期到所康复护理</td></tr>
<tr><td colspan="10">□居家疗养护理指导 □短期居家生活护理 □短期居家疗养护理 □其他</td></tr>
</table>

◇ 图 2-1 福利住宅环境确认单 ◇

① 填写确认单

与申请者沟通时首先要逐项询问并填写表 2-1 福利住宅环境确认单列出的各项内容。

福利住宅环境确认单必填项目　　表 2-1

项　目	内　容
基本事项	本人姓名·住址·联络方式·家庭核心人物的联络方式 如果在住院，预定的出院日期等
身体状况与日常行为动作	是否有身体残疾或护理需求程度·疾病名称·自理程度
申请入户服务及利用情况	护理保险的服务内容等
家庭状况	家庭成员构成·是否有高龄者同居等
居住状况的确认	房屋所有权·建筑形式·房屋构造等
希望改造的场所和项目	改造场所·施工项目·工期等
费用·资金（补贴·融资等）	费用总额·自有资金·有无补贴·融资等
利用福利器具的情况	轮椅·特殊病床·扶手·坡道·助行器等
其他	项目中没有的事项也要将要点记录下来

② 现场确认

根据事先商谈的内容，掌握了业主生活中不方便、不顺畅的场地情况，并以此为参考，用坐标纸和比例尺，对室内外建筑物的整体及希望改造的场所进行现场确认，必要时，还要对扶手及安装扶手所需的加固材料取样，拍摄用于竣工后改造效果成功案例的照片，记录使用福利器具及建材、设备器材的产品介绍等。

③ 绘制草图

现场确认后，将业主希望整改的场所量取尺寸，绘制草图。另外，在研究改造内容时，遇到即使不是业主希望整改的地方，也要将业主居家生活动线、室外周边环境等情况清晰地绘制出来。

④ 拍摄现状照片

现场拍照时，要注明拍照日期，不能遗漏。当申请利用护理保险制度进行住宅改造时，将需提交这些整改前的照片。

❷ 福利居住环境改造的流程

对于居家疗养，通常从 ADL（日常行为动作）、QOL（生活质量）、护理负担等多方面考虑居住环境的整改。将居住环境改造的流程分为 5 个阶段，又对每个阶段相关的职业类别以及注意事项归纳至表 2-2 所示。

① 找出问题

准确把握居家疗养者的身体情况、生活行为状况、居住状况、家庭状况，并充分听取专家（理疗师、作业疗法师）的建议和意见，弄清需求。

② 研究居住环境整改方针

根据①整理出生活中的问题点，并联合保健、医疗、福利、建筑等领域的专家，将更多的意见集中起来，研究出具体的整改办法并制定出计划。此时，应以护理援助专员为中心，协调各专业之间的密切协作，召开援助协商会充

福利住宅环境改造流程　　表 2-2

内容	实施场所	合作专业类别	要点
①找出问题点 ·专业护理师、护士、家庭特护等要在与本人、家属沟通的基础上，掌握业主的需求	·自宅 ·医院 ·社区援助中心 ·居家护理援助单位 ·福利器具经销商 ·建筑公司	·护理援助专员 ·社会工作者 ·理疗师 ·作业疗法师 ·福利器具专业咨询人员 ·建筑师 ·施工单位（福利器具经销店·建筑公司）	·希望在本人生活的场所（自宅）中进行 ·尽可能本人在场的情况下进行商谈 ·在掌握本人意愿的同时，也要充分了解家属的要求
②研究居住环境改造方针 ·对本人的身体机能、日常行为动作做出评价，掌握其生活目标 ·在此基础上，研究福利服务的活用计划，居住环境改造计划	·自宅 ·医院 ·社区援助中心 ·居家护理援助单位 ·福利器具经销商 ·建筑公司	·护理援助专员 ·社会工作者 ·福利器具专业咨询人员 ·理疗师 ·作业疗法师 ·建筑师 ·施工单位等	·与相关专业人员合作·协作，研究相应方针 ·对居住环境改造的效果和费用的比对进行充分说明
③施工开始 ·按照设计，开始实施居住环境改造	待改造住宅	·福利器具经销商 ·建筑公司	·对照整改方针，随时对施工情况进行确认
④工程验收 ·确认是否按照居住环境改造方针进行施工	改造后住宅	·护理援助专员 ·社会工作者 ·理疗师 ·作业疗法师 ·福利器具专业咨询人员 ·建筑师 ·施工单位等	·由方针制定者进行竣工验收，发现问题，研究制定整改措施
⑤跟踪 ·对居住环境改造效果进行持续确认	改造后住宅	·护理援助专员 ·社会工作者 ·理疗师 ·作业疗法师 ·福利器具专业咨询人员 ·建筑师 ·施工单位等	·定期确认使用情况，随着身体机能、家庭成员发生变化，发现居住环境出现不便之处，立即进行整改

分研究后定出整改方针。

此时，作为改善居住环境的方法一般分为以下四点。

1. 改变房间的格局、居住形式

2. 用活福利设施

3. 实施住宅改造

4. 用活福利设施与住宅改造相结合

③　开始施工

要研究开工所需的经费、支付方式、用活福利保险制度等问题，委托基建施工单位做工程预算（享受补贴金制度或进行融资的情况下，应在制定计划阶段提出申请）。而且，提交书面合同，按照确认后的内容实施住宅环境改造。在工程进行中，还要随时对方针的执行情况进行施工监理，一旦在施工阶段发生了问题，要联系相关技术人员及时出变更，现场解决。

④　竣工验收

当居住环境整改完成后，要对照设计要求进行验收。而且，要确保整改后的居住环境对委托者（居家疗养者）的身心和生活是否有所改善提升。必要的话要追加变更，修改。

⑤ **跟踪调查**

要再次确认居住环境整改完成后，是否对居家疗养者的身心状况和生活环境起到了改善作用，即使使用后也要继续跟踪调查。在施工过程中的确认和验收工程时，如果可能的话，要会同本人一起对居住环境的改造效果进行评价，发现不合格的地方立即整改。

❸ 商谈、应对的原则

对于福利性住宅环境改造，作为与服务对象接待协商的原则，具备接待援助的知识和技巧是很重要的。所谓接待援助，就是接待人员主要是通过当面与服务对象沟通，解决当事人提出的问题，满足其愿望，从而找出解决问题的切入点。

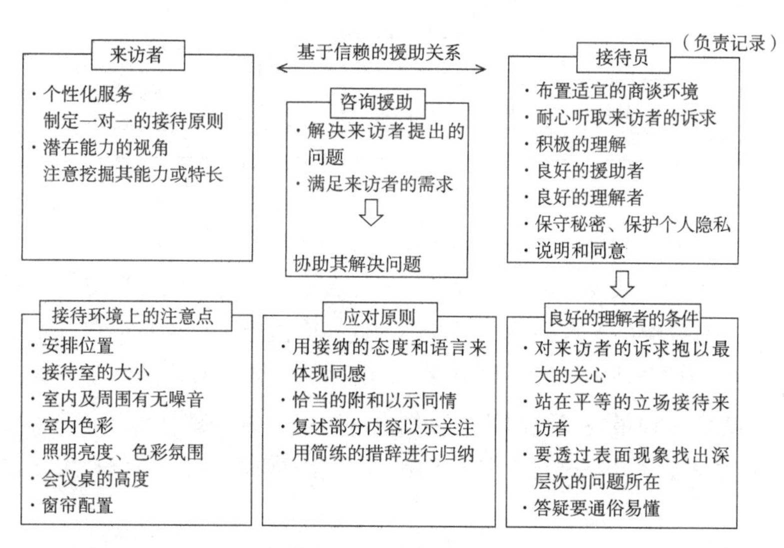

◇ 图 2-2 咨询援助原则 ◇

❹ 福利性住宅改造商谈的注意点

有关福利性住宅改造的商谈与普通住宅的商谈不同，涉及老年人、残疾人等在家疗养者的身体功能及日常的生活方式、居住等问题，还要考虑到能否把控家庭关系等更大范围的问题（见图 2-3）。

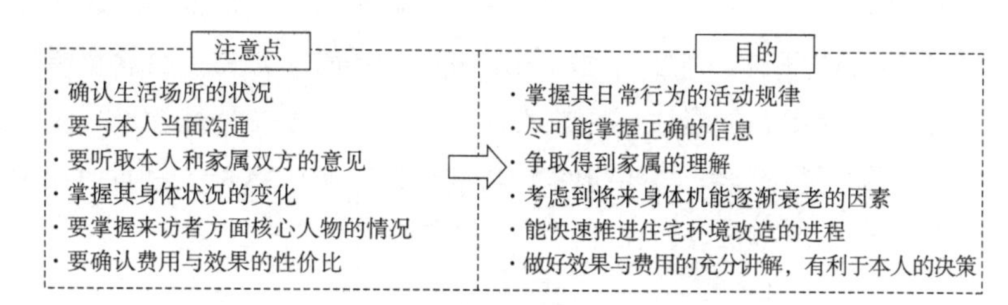

◇ 图 2-3 福利性住宅改造商谈上的注意点 ◇

2・2　预算书的编制方法

❶ 编制预算的要点

一般来讲，编制包含福利性住宅环境改造在内的工程预算会遇到很多不确定因素。它与新建工程项目不同，会有许多事先预想不到的事情，比如临时增加设计方案以外的施工内容以及因工程款容易超预算而得不到业主的理解等等。为防止在施工内容和工程费用上出现不必要的纠纷，要求编制一份简明易懂的预算书，特将其中的问题点和解决对策归纳到表 2-3。

编制预算书的问题点和解决对策　　表 2-3

问题点	解决对策
・由于工程款估算难度较大，因此施工范围也难以确定 ・很难判断工程造价是否合适 ・和新建工程相比，改造工程的费用偏高 ・调整概算和预算表的难度较大	・讲解住宅改造的特殊性以及其他工程，不能凭口头讲而一定要写成书面材料 ・工程款项细目的书写格式要标准化 ・数量的计算方法要标准化

对于改建工程，只靠事前对现场的调查，难免会存在估算不准确的地方。另外，在被委托的施工现场，有时会发生预想不到的新附加工程，许多附加工程还会涉及其他施工现场。为此，有些施工单位只得在事先做好的概算书中的综合项或各类经费中都做了预留，以备工程完工后，业主不愿支付附加工程款而最终导致纠纷的事例也有很多。为了避免此类事件的发生，对于业主来说，需要按照一定的规则，将明细格式、基准单价和测算方法等进行标准化、规范化。

即使是安装扶手这样小规模的改造工程同样也会产生纠纷。扶手杆件分为 2m、4 m 的长度材料，安装扶手时大部分要根据场所需要的长度切割利用。因此，2 m 或 4 m 的价格是有定价的，而长度低于 2 m 或 4 m 的价格和预算表的明细格式等都会因施工单位的不同而有差异。例如，有的是将安装场所每个扶手的长度合计起来再换算出需要多少根 2 m 或 4 m 的扶手杆件，也有的是以安装场所每个扶手单根的长度来计算。安装扶手所需的支架和安装费的计算也是如此。不管怎样，都要为业主做出一份准确易懂，同时基于一定规则的预算书。小型工程所用的材料，耗时、费力，会导致增加工程款，对此类包括福利性居住环境整改在内的改造工程的特殊性进行充分的说明，都会有助于防止索赔等纠纷的发生。图 2-4、图 2-5 就是笔者所使用的扶手安装工程的基准单价表，在此仅供各位参考。

长度：mm	支架数量		价格：日元
	隔挡	支撑	
I形 ～400	2	0	5 000
～500	2	0	5 500
～600	2	0	6 000
～700	2	0	6 500
～800	2	0	7 000
～900	2	0	7 500
＊注 ～1 000	2	1	9 000
～1 100	2	1	9 500
～1 200	2	1	10 000
～1 300	2	1	10 500
～1 400	2	1	12 000
～1 500	2	1	12 500
～1 600	2	1	13 000
～1 700	2	1	13 500
～1 800	2	1	14 000
＊注 ～1 900	2	1	14 500
～2 000	2	2	15 000
L形 450×450	3	2	8 000
600×450	3	0	9 000
600×600	3	0	10 000
800×600	3	0	11 000
800×800	3	0	12 000
＊注1 000×800	3	1	14 000

ϕ32 · ϕ35 通用

扶手 TOTO 制品

I形扶手　L形扶手

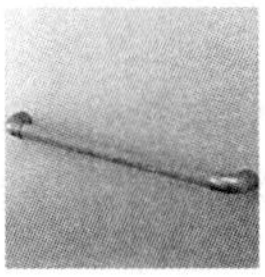

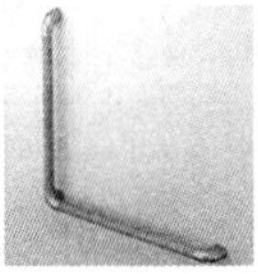

【扶手的直径】

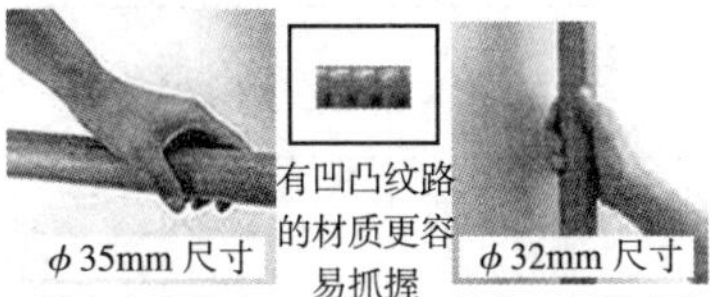

ϕ35mm 尺寸
适合水平移动
（走廊、楼梯等处）

有凹凸纹路的材质更容易抓握

ϕ32mm 尺寸
适合上下平移动
（厕所、玄关等处）

【颜色】

透明天然色　浅色透明　深色透明　棕色

【支架】

扶手长度一旦超出 900mm，就必须安装横向或竖向的支架

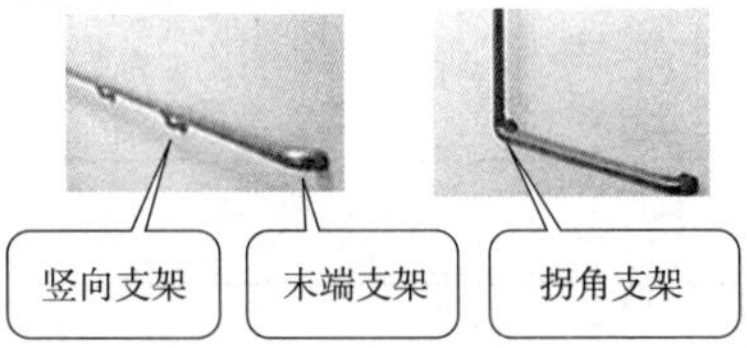

竖向支架　末端支架　拐角支架

1. I 形、L 形扶手，容易抓握的稳固型天然木材，扶手两端用安全的支架与墙壁构成钝角，在材料费中注明加工、安装费并计算出价格。
2. I 形扶手的价格，每 100mm 加 500 日元，安装时支架的间隔不能超过 900mm。

＊注：支架间隔超出 900mm 时，每个支撑架多加 1000 日元。

（照片提供：TOTO · 泉公司　资料提供：Medicare 公司）

◇ 图 2-4　扶手材料估算标准 ◇

长度：mm	墙面安装价格：日元（视墙面基础而异）			加固材料
	混凝土面板及木料	混凝土及瓷砖	石膏板	宽：110
	螺栓固定	预埋涨管	加固材料＋螺栓固定	厚：15
～ 900（2 个支撑）	4 000	5 000	9 000 （5 000+4 000）	 【色彩】 透明天然色 浅淡天然色 深暗天然色 棕色 乳白色
901 ～ 1800（3 个支撑）	5 000	6 500	12 000 （8 000+5 000）	
1801 ～ 2700（4 个支撑）	6 000	8 000	15 000 （12 000+6 000）	
2701 ～ 3600（5 个支撑）	7 000	9 500	22 000 （15 000+7 000）	
3601 ～ 4500（6 个支撑）	8 000	11 000	26 000 （18 000+8 000）	

加固材料用木质装饰材料，收取安装费（工料合一取费）				
墙壁	大墙面使用		长度	【色彩】 透明天然色 浅淡天然色 深暗天然色 棕色 乳白色
配件	 2 个一装（左右一对）	踏板  1 个一装	 2 个一装（左右一对）	
施工照片		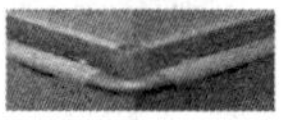		
价格：日元	2 500	2 500	2 500	

* 使用木质装饰材料时，加收上述金额。

其他安装方法的价格			
安装方式	立柱站起时扶手（相当于 1 处支柱）		整体浴室专用五金件固定（相当于 1 处支架）
	全部锚定	预埋式	
施工照片	 		 
价格	6000	7000	3000

附加费：安装扶手时，市内一律按 7000 日元加收上门费等附加费用。

（照片提供：TOTO 公司・泉公司　资料提供：Medicare 公司）

◇ 图 2-5　扶手安装费估算标准 ◇

❷ 工程费的估算方法

改造工程的估算方法有工程总额方式，工程单价方式，按工种类别分计方式，不同房屋构造、不同部位分计方式。一般多采用（见表 2-4）按工种分类计算的方式。

工程费的估算方法与特征 表2-4

名称	工程总额式	工程单价式	按照工种类别分计式	不同房屋・部位分计式
特征	・多见于小额工程 ・细目不清晰 ・不用花费太多的编制时间（速成）	・多见于新建工程 ・在改造工程中，单价本身没有意义	・最常用的方法 ・附加明细清单，按工程类别计算	・将不同工程细目按照不同的房间、位置分别标明的方法 ・业主容易看懂

❸ 编制简单易懂的预算书

基于前❶项中所阐述的解决对策，为了编制出简明易懂、能得到业主认可的预算书，特归纳出四个注意点列入表2-5。

简明易懂预算书的编制要点 表2-5

注意点	内容
预算书要分“预算”和“正式预算”两个阶段提出方案。	改造工程的预算书如果从开始就做得很详尽，业主容易仅凭费用总额的高低来决定是否签约。从消除业主抵触情绪的意义上讲，初期还是不要将概预算的精度做得太细，因此，在编制概预算方案时： ①内容要与业主的预期相符 ②要涵盖业主的所有需求（预算中被忽略的内容） ③调整上面①・②的内容 按照上述3个方式编制预算书，让业主从中选择，接受起来比较容易。经过这样的概算过程，最后附上工程承包合同就可以编制成正式的预算书了
追加工程或提出变更，要使用专用格式	改造工程常常会在签订合同后追加内容或提出变更，往往采用变更施工内容或追加协议书等格式。为了防止出现纠纷，不能在工程完工后，重要的是在发生追加和变更之时就签署相应的条款
改造工程特有的项目尽量详细注明	一般来说，改造工程中的配套款项“拆解工程、建筑垃圾处理、临时工程、保养费、小型搬运费”，多数都是混在一起结算。但这种配套计算方法容易引起业主的质疑，应该尽量避免。应以一处为单位或换算成工钱，以一天或者半天为单位等等的具体数字标写清楚
预算书的内容要清晰易懂	编制清晰易懂的预算书是关系到业主对施工单位信赖与否的大问题，同时也成为避免纠纷的关键。具体来说如果按照工程项目预算的形式，非专业的业主难以看懂，所以要对不同的房间，分别注明工料合一，材料和工钱分计，虽然编制预算颇费时间，但从消费者的角度来考虑还是很有必要的

2·3 无障碍改造的抗震性能

❶ 抗震加固的必要性

1995 年 1 月 17 日日本发生了阪神·淡路大地震，地震的死亡人数为 6434 人，其中 88% 的人因房屋倒塌窒息而死，而且倒塌的房屋结构大部分为战前建造的木结构体系，死亡者数量更大。据日本建设省住宅局对灾后建筑的调查结果（见图 2-6）显示：日本阪神·淡路大地震中，建于 1981 年以前，按照日本旧建筑标准法抗震标准建造的建筑受到破坏、震损或倒塌的占 66%。1982 年日本修改了建筑标准法，按照新的抗震标准，1982 年以后建成的建筑轻微损坏、无损害率较之以前提升了 25%。

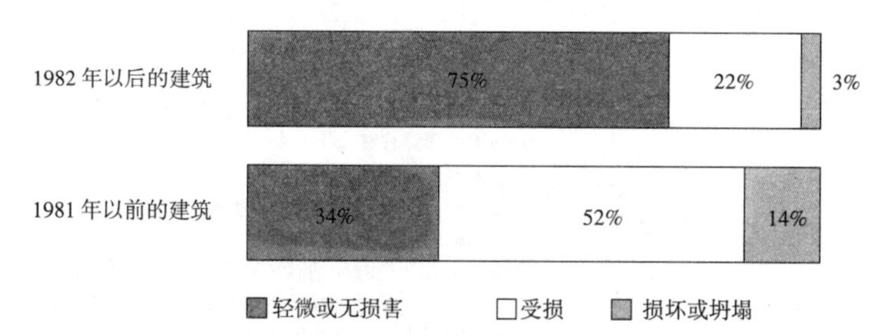

出处：根据《1995 年日本阪神·淡路大地震建筑受损调查委员会中途报告》（日本建设省住宅局）绘制而成

◇ 图 2-6 建设时间与地震受损程度 ◇

由此可见，既有建筑的抗震鉴定、抗震加固的必要性已经成为当务之急的课题。作为促进抗震鉴定、抗震加固的规范标准，日本在 1995 年 10 月 27 日制定了《关于加强建筑物抗震改造的法规》。

❷ 加固方法

日本建筑规范规定的抗震性能是以在震度为 5 级的中级地震中没有损伤，在震度为 6 级的大地震中没有大的震损、倒塌这两点为目标，将地震的强弱（强度）和黏着性（韧度）作为主导要素来评判，也就是抗震鉴定，从这个结果来研究如何达到抗震性能等级的有效加固方法。在选择加固方法时，要对其功能性、经济性、施工性、法规性等进行综合判断研究。

钢筋混凝土结构加固一般分为增设钢筋混凝土墙加固（主要增加强度），采用各种钢筋加固（主要增加强度），在支撑柱围设钢板加固（主要增强韧性）等方法。

一般来说，按照过去施工法建造的木结构住宅（100 ~ 150m² 的 2 层建筑）的抗震加固标准大致归纳为 6 类（见表 2-6），为加强承重墙的稳定性，以及与上部结构及基础的整体性，重要的是提高建筑的整体抗震性能。

木结构住宅抗震加固标准 表2-6

抗震加固的基本要求	内容
对应建筑物的重量，增设抗震墙	・墙体设置是否满足日本建筑标准法实施令第46条（简称令46条）。 ・因铺瓦、抹灰等增加了屋顶荷载，是否增设抗震墙 ・公寓等附带的外挑走廊，当二层楼板荷载过重时，也要增设一层的抗震墙 ・对于荷载较重的二层阳台，应按照1/2左右的荷载面积换算增设抗震墙
墙体的平面布置	・按照四分位分法，满足墙体平衡检查 ・一层拐角处的外墙采用L形布置 ・较大空间的隔墙，分割长方形拐角时，以L形布置外墙 ・L形平面适用四分位分法的场合，参照L的端头，取1/4作为平衡的对象
地面与屋顶加固	・楼梯处的抗震墙（承重墙），在设计上要尽量上下贯通 ・二层角柱必须延伸至一层 ・坡屋面的二层外墙下端，应设置抗震圈梁 ・坡屋面或突出屋面的水平结构平面，采用构造胶合板围合加固 ・地面或屋顶的水平结构平面，避开天井，采用构造胶合板围合加固 ・为了从屋面向二层剪力墙传递地震力，增设斜撑
柱、梁、支撑等部位加固	・根据2001年日本建设省第1460号公告（平12建告1460号），用斜撑金属件将斜撑紧固 ・根据2001年日本建设省第1460号公告，对应抗震墙柱脚的墙体强度，采用抵消抗力的方法，紧紧绑牢 ・角柱的柱脚会产生较大的抗拔力，要与基础紧紧绑固 ・一层剪力墙两端20mm以内，设置基础锚定螺栓 ・柱间系梁、地板梁、桁架系梁的端部，要用带眼螺栓以及铁夹板等拧紧，以防脱落
基础加固	・根据2001年日本建设省第1347号公告，钢筋混凝土条形基础（当地耐力在3t/m²以上时），以及钢筋混凝土浮筏基础（当地耐力在2t/m²以上，或不足要进行改桩或基础改良时） ・地耐力小，而条形基础的基脚宽度较大，几乎占满场地的场合 ・布置条形基础时，应连续呈长方形布桩，避免半岛型等截断基础 ・在抗震墙线下必须采用条形基础，玄关以及门厅的地下也要和条形基础连接 ・条形基础的通风口周围用钢筋加固，或是采用无断面缺损的基础密封施工法
木基础梁和立柱的防腐处理	・考虑到地板下的透气，要在下面铺防潮油毡或者做防潮层 ・木基础梁要选择不易腐坏的树种（柏树・罗汉柏等），或采用经过防腐防虫处理材料，对高出地面1m以上的立柱、抗震墙、木基础梁等采取有效地防腐措施 ・加厚挑檐，抬高条形基础下皮标高，做好地梁四周的防水处理 ・注意外墙凹角、开口周边、阳台根部等处的防水问题 ・在檐口天井或吊顶里层设置换气口，以保证易结露地方的良好通风

❸ 钢筋混凝土结构的加固实例 2010年4月施工

◇ 现状

案例为一座已建成30年的4层RC（钢筋混凝土）结构的建筑，建筑的二层将设立昼间残疾人服务中心。由于建筑物内只有楼梯，没有可供轮椅者使用的交通设施。

◇ 目的

为方便乘坐轮椅的人前来办事，打算在一至二楼之间安装一部小型电梯（图 2-7）。

①建筑全貌

② 1 楼停车场

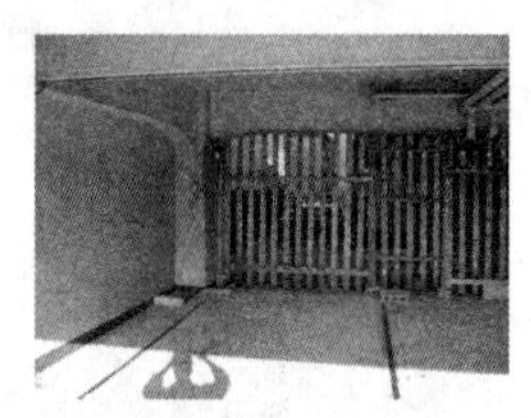

③ 1 楼小型电梯位置

④ 2 楼小型电梯位置

⑤ 1 楼地面基础

⑥ 2 楼地板开口部

⑦ 1 楼安装的小型电梯

⑧ 2 楼安装的小型电梯

◇ 图 2-7　安装小型电梯的现场照片 ◇

在建筑内安装电梯必须经过确认申请。因此，要事先与业主商谈。本案例中，由于要在钢筋混凝土结构的楼板开凿一个约 2000mm 的四方形洞口，必须对建筑的主体结构（楼板）进行加固。因此，在哪个位置，采取哪种方法进行加固施工，需要附上由具备一级注册建筑师资格的设计师设计完成的结构计算书、构造图（见图 2-8、图 2-9、图 2-10）和安全证明。

随即开始与安装电梯的相关人员进行构造方面的技术研讨，委托专门做结构计算的一级建筑事务所，根据原有设计图对建筑构造梁的现况（图 2-8）和楼板的配筋数量（固定状态、楼板厚度、位置等）（见图 2-9）进行调查，就选用哪种材料、采取哪种加固施工才能保证楼板强度等问题接受专业人员的指导。

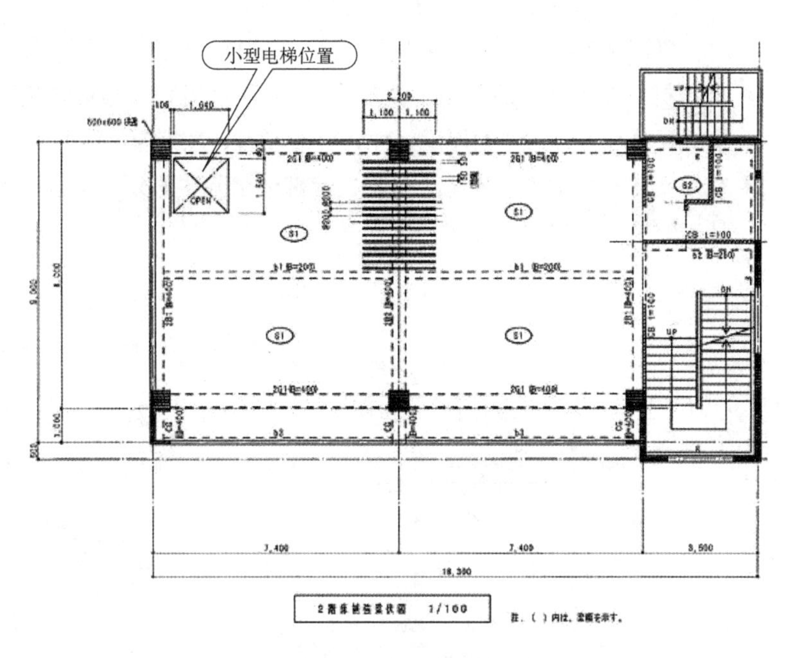

◇ 图 2-8 二层加固梁结构平面图 ◇

楼板明细表							
符号	固定状态	板厚	位置	主钢筋		配筋	
				端部	中央	端部	中央
S1	周边固定	t=120	上部钢筋	φ9・φ13・@150 交替	——	φ9・φ13・@150 交替	——
			下部钢筋	φ9・@300	φ9・@150	φ9・@300	φ9・@150

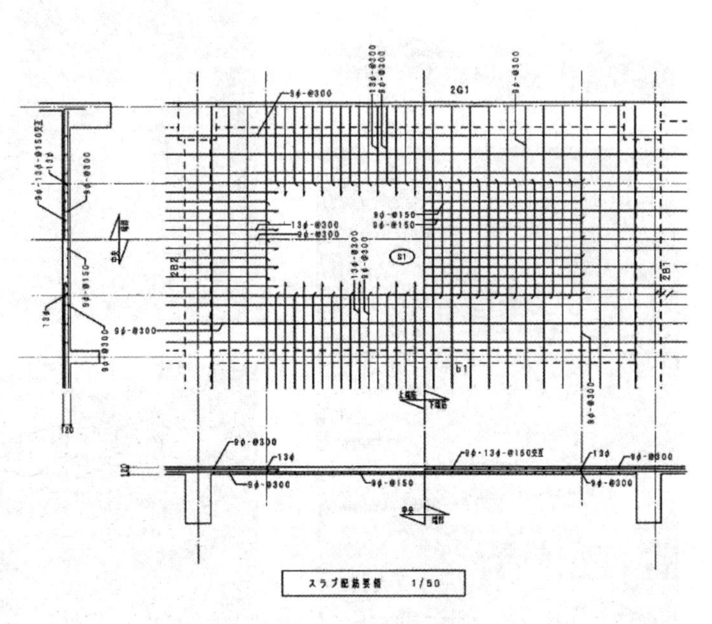

◇ 图 2-9 楼板配筋要点 ◇

以图 2-8 梁①的芯部为中心，长：2200× 宽：50× 厚：1.2mm 的碳纤维复合材料按照 200 的节距（高跨比），用环氧树脂胶粘剂熔接。不过，这种情况要将地表面砂浆的厚度铲掉 30mm 左右，直接与主体混凝土粘接，同时，在出现凹凸的地方，用磨光机将突起部分铲除，必须保证表面平滑，以提高粘接效果（见图 2-10）。

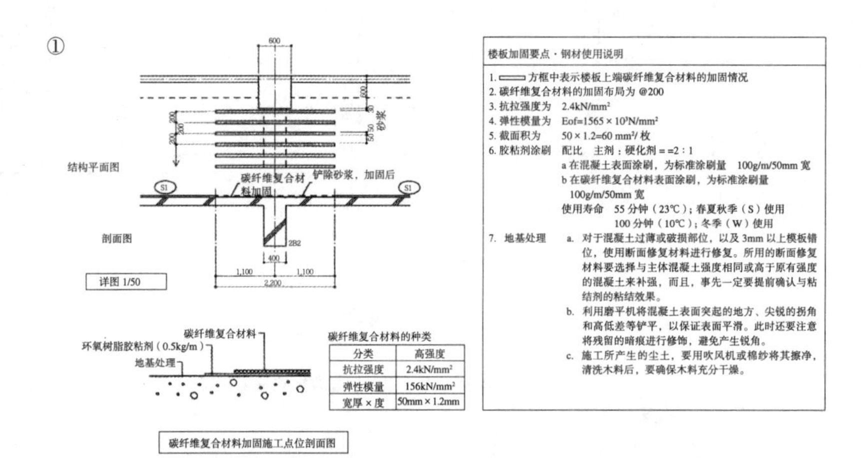

碳纤维复合材料的种类

分类	高强度
抗拉强度	2.4kN/mm²
弹性模量	156kN/mm²
宽厚 × 度	50mm × 1.2mm

楼板加固要点 · 钢材使用说明

1. ▭ 方框中表示楼板上端碳纤维复合材料的加固情况
2. 碳纤维复合材料的加固布局为 @200
3. 抗拉强度为　2.4kN/mm²
4. 弹性模量为　Eof=1565 × 10³N/mm²
5. 截面积为　50 × 1.2=60 mm²/ 枚
6. 胶粘剂涂刷　配比　主剂：硬化剂 = =2：1
   a 在混凝土表面涂刷，为标准涂刷量　100g/m/50mm 宽
   b 在碳纤维复合材料表面涂刷，为标准涂刷量 100g/m/50mm 宽
   使用寿命　55 分钟（23℃）；春夏秋季（S）使用
   100 分钟（10℃）；冬季（W）使用
7. 地基处理
   a. 对于混凝土过薄或破损部位，以及 3mm 以上模板错位，使用断面修复材料进行修复。所用的断面修复材料要选择与主体混凝土强度相同或高于原有强度的混凝土来补强，而且，事先一定要提前确认与粘结剂的粘结效果。
   b. 利用磨平机将混凝土表面突起的地方、尖锐的拐角和高低差等铲平，以保证表面平滑。此时还要注意将残留的暗痕进行修饰，避免产生锐角。
   c. 施工所产生的尘土，要用吹风机或棉纱将其擦净，清洗木料后，要确保木料充分干燥。

◇ 图 2-10　碳纤维复合材料加固施工图 · 现场照片 ◇

图 2-10 中的②～⑤是按照图①的楼板加固要点，钢材使用说明，在现场进行碳纤维复合材料加固的施工照片。

② 先将地面装饰材料如地毯等卷起，露出混凝土楼板，清扫后开始剁痕，然后在其表面涂抹约 30mm 厚的软砂浆，凝固后用砂轮打磨使之平滑。再将碳纤维复合材料用环氧树脂胶粘剂进行粘接。

③ 以南北①梁（见图 2-8）的芯部为中心，到东西梁（见图 2-8），将 2200mm × 50mm × 1.2mm 的碳纤维复合材料按照 200 的节距进行粘接。

④ 共用 17 张碳纤维复合材料完成了楼板的加固施工。

⑤ 碳纤维复合材料在粘接后，待其完全干燥后再用砂浆抹平复原。

2·4　无障碍改造的节能性能

❶ 无障碍改造中节能改造的内容

提高制冷及采暖等空调设备的效果，以日本国家颁布的鼓励节能标准为目标实施住宅改造，实现健康舒适的生活环境即为节能改造。

住宅的隔热和密封性能降低，不仅会增加空调采暖费用，还会给人体带来较大的负面影响。为此，要减少空气从房屋缝隙的流入流出，将窗墙传导造成与室外的温差控制到最小。不依赖冷暖空调来提高住宅的隔热性能，不仅室内温度舒适，还能降低冷暖空调费用产生的经济效益，同时，减少二氧化碳排量，也是构成推进世界规模防止地球变暖的地球环境问题的一部分。

❷ 新时代节能标准

日本的节能标准是基于 1979 年制定的《关于能源使用合理化法律》（简称节能法），在 1980 年制定，正式颁布节能住宅设计、施工等指导方针。该节能标准被称之为旧标准，在其后的 1992 年（日本平成 4 年）曾被一度修改，再后来到了 1999 年（日本平成 11 年）的 3 月，公布了瞄准 21 世纪住宅建设而全面修订的标准。日本称 1992 年制定的节能标准为新标准，1999 年制定的节能标准通称为“新世代节能标准”（《关于合理使用住宅能源的建筑业主判断标准》及《同设计以及施工的指导方针》），对不同地域的气候差异制定出相应的对策细则。

因此，为了提高新建住宅的节能标准，包括住宅的节能改造也都是按照新时代的标准进行设计和施工。从 2009 年开始成为利用住宅版的环保积分制度和减税等相关扶植政策的必备条件。

新时代节能标准由《建筑业主判断标准》和《设计施工导则》2 个分册构成，自 1980 年出台以来从未修改（见图 2-11）。图 2-12 就是基于新时代节能标准

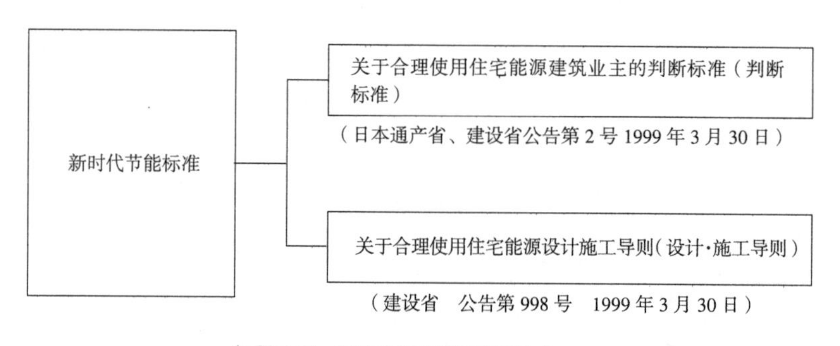

◇ 图 2-11　新时代节能标准的构成 ◇

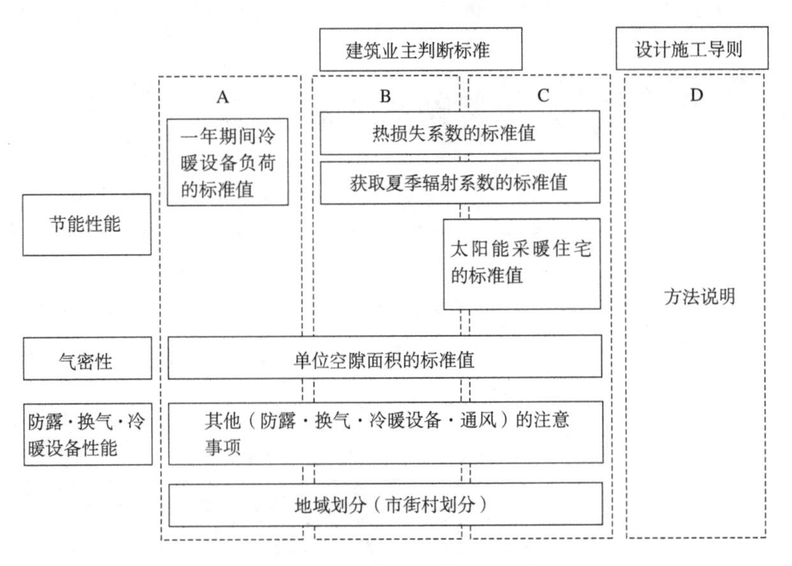

◇ 图 2-12 新时代节能标准的构成内容 ◇

绘制的《建筑业主判断标准》和《设计施工导则》的主要内容，考虑到与标准相对应，我们暂且将《建筑业主判断标准》细分为 A、B、C,《设计施工导则》作为 D 中的四分之一（新标准中的 B、D）简化一下似乎会更加清晰。

❸ 节能改造的效果

下面将节能改造的三种效果汇总在表 2-7

节能改造的效果 表 2-7

隔热带给室内舒适的居住空间	节能改造，就是进行能使住宅的室内温度不受室外气温影响，在屋顶、墙、地板、地坑地面、开口部位等处阻止热气流入（隔热）的房屋构造的工程。提供隔热工程，提高冷暖设备效能的同时，保证室内温度平稳舒适的居住空间
保护地球环境也是利己的改造工程	减少二氧化碳的排出量，减缓地球变暖的行动已经在世界范围展开。节能环保措施不仅是产业界，对于普通家庭也很有必要，节能改造中的隔热工程就是其中重要的一环
节约照明与采暖的费用，也可以成为环保积分或减税的受益者	节能改造中的隔热工程不仅能减少冷暖空调和煤气等的用量，节约照明与采暖的费用，而且还可以成为住宅版的环保积分制度、减税措施、补贴金制度的对象，享受政府给予的经济补偿

2·5　如何利用政府补贴政策

❶ 修缮的减税制度

实施诸如抗震、改造、节能等具有一定提升功能的修缮工程时，业主可以享受到税制政策上的优惠措施。具体说来，税制方面的优惠政策大致划分为扣除所得税和减少固定资产税两大类，简要归纳为表 2-8 所示内容。

有关住宅修缮减税制度的要点　　表 2-8

减税种类		改造提升的类型		
		抗震加固	设施改造	提升节能
扣除所得税	投资型减税	对于规定住宅所进行规定的抗震改造工程，每份经确认的申请报告可享受从所得税中扣除最高 20 万日元的减税额（对抗震改造或诊断的审批权限于市区街村）	进行规定的设施改造工程，每份经确认的申请报告可享受从所得税中扣除最高 20 万日元的减税额	进行规定的节能改造工程，每份经确认的申请报告可享受从所得税中扣除最高 20 万日元的减税额（更换窗扇以及同时安装太阳能发电设备的工程为 30 万日元）
扣除所得税	贷款型减税		进行规定的设施改造工程，每份经确认的申请报告可享受 5 年间工程贷款年终余额的 2% 或 1% 的从所得税中扣除	进行规定的节能改造工程，每份经确认的申请报告可享受 5 年间工程贷款年终余额的 2% 或 1% 的从所得税中扣除
扣除所得税	住宅贷款减税	* 不限于抗震、改造、节能等修缮的住宅贷款，满足要求条件而进行改扩建项目的住宅贷款年终余额的 1% 可享受 10 年间从所得税中扣除		
固定资产减额		对于规定的住宅进行规定内的抗震改造工程，要提交建筑物所在市区街村开具的证明信等申请材料，固定资产税额（相当于 120 m^2）从 3 年到 2 年，可以减少二分之一的数额	进行规定的提升改造工程，要向居住地所在的市区街村提交申请，在下一年度的固定资产税额（相当于 100 m^2）可以减少三分之一的数额	进行规定的节能改造工程，要向居住地所在的市区街村提交申请，在下一年度的固定资产税额（相当于 120 m^2）可以减少三分之一的数额

其他，对于购置住宅等资金还有赠与税和非课税制度

❷ 修缮的融资制度

日本的住宅金融援助机构（独立法人），制定了住宅修缮的融资制度，可以利用以年满 60 岁以上高龄者为对象的偿还特例制度（表 2-9），进行无障碍改造工程或抗震加固工程。另外，该制度还有一个特征就是借助高龄者居住援助中心（日本高龄者住宅财团）的保证，享受每月偿还利息的优惠，以减轻业主的生活负担。

❸ 修缮的援助制度

根据无障碍改造工程的具体事项，可以从国家、地方自治体等领取补助金。其补助制度和要点详见表 2-10

面向高龄者偿还特例制度要点 表 2-9

<table>
<tr><td rowspan="7">面向高龄者的偿还特例制度</td><td colspan="3">要点</td></tr>
<tr><td>融资额</td><td colspan="2">1000 万日元或住宅部分工程款中最低额为上限</td></tr>
<tr><td>融资利率</td><td colspan="2">融资申购时的利率</td></tr>
<tr><td rowspan="3">施工内容</td><td colspan="2">包括下列无障碍改造以及抗震改造工程的修缮工程</td></tr>
<tr><td>无障碍改造工程</td><td>①～③ 的所有工程
① 消除地面高差
② 拓宽走廊及居室出入口
③ 为浴室及楼梯安装扶手</td></tr>
<tr><td>抗震改造工程</td><td>①～③ 的所有工程
① 符合《关于加强建筑物抗震改造法规》中规定的设计认定，并按照抗震改造设计进行施工的抗震改造工程
② 符合相关机构规定标准的抗震加固工程
③ 依据《木结构住宅的鉴定与加固》（财）日本建筑防灾协会以及其他抗震鉴定结果所进行的墙体加固工程
※ 必须出具抗震鉴定结果报告</td></tr>
<tr><td>制度特征</td><td colspan="2">・每月只偿还利息，融资利率按照融资申请时住宅金融支持机构的利率执行，整个周期固定不变
・当包括申请者本人（申请贷款时年满 60 岁以上者），还有连带债务人（申请贷款时与年满 60 岁老人同居的亲属等）在内的所有贷款者去世时，本金将由继承人全部偿还。不过，当继承人不能或拒绝全部偿还，或继承人也去世，则根据事先约定用提供担保的房屋、土地全部偿还
・高龄者居住援助中心（高龄者住宅财团）为融资的连带保证人</td></tr>
</table>

修缮援助制度要点 表 2-10

<table>
<tr><td>制度名称</td><td colspan="3">制度要点</td></tr>
<tr><td>激活现存住宅流通事业</td><td colspan="3">为了提高现有住宅的质量以及搞活住宅的流通，当现存住宅流通或进行无障碍改造时，帮助进行有关由住宅缺陷担保责任法人负责检查，基本情况登记及储蓄，是否参加住宅缺陷保险等程序。不过，能否利用上述程序，要事先取得国家认证资格，必须在签订工程合同前确认能否利用该项优惠政策</td></tr>
<tr><td>住宅、建筑安全股票事业</td><td colspan="3">为了减轻地震中住宅、建筑倒塌等损害，确保居民安全，很多地方的公共团体制定出提高针对住宅、建筑抗震性能（抗震评估、抗震改造）的辅助制度。不过，在选择辅助对象的地区、规模、占地、建筑物用途等条件上，各市区街村存有差异</td></tr>
<tr><td>培育地区住宅交付金制度</td><td colspan="3">该制度以地方公共团体为主体，主要为了搞活建设公有住宅和整治局部居住环境等区域住宅政策的自主性和创新性，同时推进综合规划的一项辅助制度，作为交付对象的提案事业，在日本的各都道府县、市区街村都设有对民间住宅进行抗震评估、改造的辅助机构</td></tr>
<tr><td rowspan="7">其他辅助制度</td><td></td><td>制度</td><td>要点</td></tr>
<tr><td rowspan="4">国家节能补助金</td><td>鼓励使用住宅用太阳光热发电的补贴金政策</td><td>安装太阳光发电设备</td></tr>
<tr><td>促进使用高效能热水器的补贴金</td><td>安装 CO_2 制冷热力泵热水器</td></tr>
<tr><td>使用高效能热水器的辅助事业</td><td>安装城市煤气以及煤气管道</td></tr>
<tr><td>促进使用住宅、建筑物高效能节能环保系统补助金事业（与住宅相关产业）</td><td>满足规定要求的节能住宅的改造、新建</td></tr>
<tr><td>护理保险</td><td>按照护理保险法支付住宅改造费</td><td>对通过了需要居家护理或援助的等级认定者给予规定范围内的住宅改造支持</td></tr>
<tr><td>市区街村福利事务所</td><td>提供对居家高龄者、身体重度残障者的住宅改造费辅助事业</td><td>是由市区街村辅助那些对住宅的浴室、厕所、厨房、玄关、居室等进行改造的支付规定费用的制度。辅助条件各市区街村会有所不同，大都以年龄逐渐增加而体能逐渐下降的高龄者，或是大体参照残疾人手册 1~2 级、护理手册 A 类残疾人为扶助对象</td></tr>
</table>

❹ 住宅环保积分制度

住宅环保积分制度是以推进防止地球变暖对策以及提升日本经济活力为目标，面向新建节能环保型住宅者或节能翻修住房者实行一定的奖励积分，可用来兑换各种商品，充当追加工程费用的积分制度。

A 窗体的隔热改造

节能改造后的窗应符合日本的节能标准（1999 年标准）规定的隔热性能，下面① - ③被列为隔热改造对象。

* 但是，必须使用在日本节能住宅事务局登记备案的建筑材料（窗、玻璃）

① 设置内窗	② 更换外窗	③ 更换玻璃

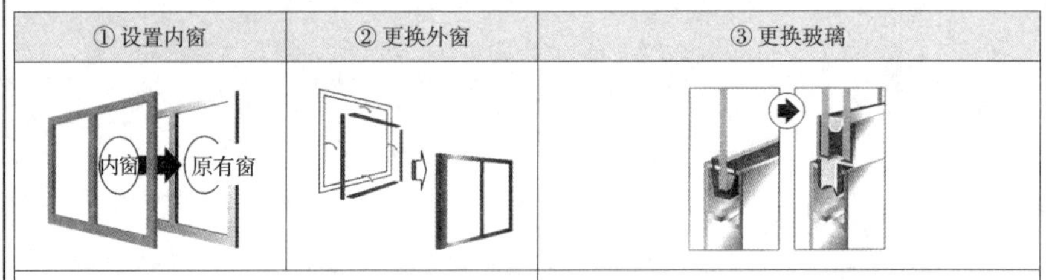

①②：大（$2.8m^2$ 以上）每一处为 18000 点 中（$1.6m^2$ 以上，不足 2.8 m^2）每一处为 12000 点 小（$0.2m^2$ 以上，不足 1.6 m^2）每一处为 7000 点	③：大（$1.4m^2$ 以上）每一处为 7000 点 中（$0.8m^2$ 以上，不足 1.4 m^2）每一处为 4000 点 小（$0.1m^2$ 以上，不足 0.8 m^2）每一处为 2000 点

B 外墙，屋顶、天井还有地面的隔热改造

改造后的外墙，屋顶、天井以及地面等部位必须采用规定数量的隔热材料（只限于不含氟氯烷的材料）进行隔热改造。

* 但是，所使用建筑材料的热传导率等隔热性能必须是经过认证的隔热材料，是在日本节能住宅事务局登记备案的建筑材料
* 基础隔热的最低使用量，地面的最低使用量别墅型住宅为 0.3，公共住宅要再乘上 0.15 的数值

隔热材料种类（热传导率 [w/mk]）	别墅类住宅隔热材料最低使用量（单位：m^3）			公共类住宅隔热材料最低使用量（单位：m^3）		
	外墙	屋顶・天井	地面	外墙	屋顶・天井	地面
低隔热材料（0.052 ~ 0.035）	6.0	6.0	3.0	1.7	4.0	2.5
高隔热材料（0.034 以下）	4.0	3.5	2.0	1.1	2.5	1.5
点位数	100000 点	30000 点	50000 点	100000 点	30000 点	50000 点

C 无障碍改造

当 A 项或 B 项的改造工程同时施工，可将① ~ ③列为改造重点

①设置扶手	②消除高差	③拓宽走廊
为「浴室」,「厕所」,「盥洗室」,「浴室，厕所，盥洗室以外的房间」,「走廊、台阶」安装扶手	消除「通往室外的出入口（玄关、茶室便门等）」,「浴室」,「室内（不包括浴室）」等处的高差	拓宽「通道宽度」,「出入口宽度」
分别为 5000 点位	分别为 5000 点位	分别为 25000 点位

◇ 图 2-13　节能住宅的施工项目 ◇

❺ 各项援助制度的咨询窗口

咨询窗口　　　　表 2-11

所有修缮咨询	·有关修缮的商谈 ·相关律师提供的免费咨询制度 ·相关修缮预算商谈制度 （财）住宅修缮·纠纷处理援助中心 住宅纠纷处理咨询 http：//www.chord.or.jp/ http：//www.checkreform.jp/ TEL：0570-016-100（语音电话） 接待时间：10：00 ~ 12：00　13：00 ~ 17：00 （周六·周日·节假日，年初年末除外） 使用 PHS 或 IP 电话的客户 TEL：03-3556-5147 ·居住地所属都道府县·市区街村的修缮接待窗口 接待窗口查询 http：//www.2.refonet.jp/trsm/ ·了解修缮相关信息专线 修缮网 http：//www.refonet.jp/
税金扣除·减税	·有关所得税扣除·赠与税咨询 居住地所属的地方税务局 ·有关固定资产税的减税咨询 建筑物所在的都道府县·市区街村 修缮网住宅专页（http：//www.refonet.jp/）有关住宅修缮减税制度要点 http：//www.refonet.jp/csm/info/fund/tax-reduction/index.html
融资制度	·有关向高龄者偿还特例制度 （独）住宅金融支持机构　客服中心 http：//jht.go.jp/ TEL：0570-0860-35（语音电话） 接待时间：每天 9：00 ~ 17：00（节假日，年初年末除外） ·一般融资制度咨询 可到附近的金融机构就近咨询
援助制度	·有关补贴对象条件的咨询 居住地所属的市区街村，或各种团体
住宅的环保要点	·有关申请方法的咨询 环保局 http：//jutaku.ecopoints.jp/ * 从环保局住宅专页上可以找到下载申请书的窗口以及交换商品检索等 TEL：0570-064-717（语音电话） 接待时间：9：00 ~ 17：00（含周六·周日·节假日） 使用 PHS 或 IP 电话的客户 （申请前）TEL：03-5911-7803 （申请后）TEL：03-5911-7804

* 由于制度要取决于预算和募集期限，有时也会终止偿还。

第3章

不同病患的无障碍住宅改造案例

3·1　脑血管疾病

❶ 为了实现安全、安心、能够自理的生活环境

<table>
<tr><td>案例序号</td><td>1</td><td>男·女</td><td>年龄：69 岁</td><td colspan="4">发病时间：2006 年　6 月</td><td colspan="3">痴呆症：有·无</td></tr>
<tr><td rowspan="2">疾病：</td><td rowspan="2" colspan="2">由脑出血引发的
左半身麻痹</td><td rowspan="2">护理程度：</td><td colspan="2">需要援助</td><td colspan="5">需要护理</td><td>残疾人手册：3 级</td></tr>
<tr><td>1</td><td>②</td><td>1</td><td>2</td><td>3</td><td>4</td><td>5</td><td>护理人：妻子</td></tr>
<tr><td colspan="12">家庭构成：1. 单身　②夫妇　③其他（ 2 ）人　共计（ 4 ）人其中 65 岁以上老人（ 2 ）人</td></tr>
</table>

<table>
<tr><td rowspan="8">运动功能障碍
残障位置用斜线表示
1　2
3　4</td><td colspan="8">语言障碍（有·无）　视力障碍（有·无）　听力障碍（有·无）　体内障碍（有·无）</td></tr>
<tr><td colspan="8">移动方式：1. 独立行走　②拄拐杖　3. 护理人伴行　4. 挪步　5. 坐轮椅　6. 全护</td></tr>
<tr><td>日常行为（ADL）</td><td>起居动作</td><td>用餐动作</td><td>更衣动作</td><td>排便动作</td><td>梳理动作</td><td>洗浴动作</td><td>评估标准</td></tr>
<tr><td rowspan="4">评估</td><td>○</td><td>○</td><td>○</td><td>○</td><td>○</td><td></td><td>3：自理</td></tr>
<tr><td></td><td></td><td></td><td></td><td></td><td>○</td><td>2：看护</td></tr>
<tr><td></td><td></td><td></td><td></td><td></td><td></td><td>1：半护</td></tr>
<tr><td></td><td></td><td></td><td></td><td></td><td></td><td>0：全护</td></tr>
</table>

<table>
<tr><td colspan="2">住房形式：独门独户·公寓（产权房·私租房·公租房）2 层</td><td colspan="2">结构：木结构·钢筋混凝土</td><td>工期：1 天</td></tr>
<tr><td colspan="2">护理保险住宅修缮费的利用情况</td><td>（有·无）</td><td colspan="2">住宅修缮费利用额：200000 日元</td></tr>
<tr><td colspan="2">身体残障者住宅改造费补贴政策的利用情况</td><td>（有·无）</td><td colspan="2">公费补助额：日元</td></tr>
<tr><td>厕所</td><td>浴室·盥洗</td><td>起居·卧室</td><td>玄关·坡道</td><td>其他</td></tr>
<tr><td>1. 安装扶手
2. 安装坐便
3. 调整便器高度
4. 更换便器
5. 更换门扇
6. 消除地面高差
7.</td><td>1. 安装扶手
2. 调整浴缸高度
3. 更换浴缸
4. 安装热水淋浴器
5. 更换门扇
6. 消除浴室地面高差
7. 安装入浴助力器械</td><td>1. 安装扶手
2. 改榻榻米为地板
3. 更换门扇
4. 消除地面高差
5. 安装护理助力器械
6.
7.</td><td>①安装扶手
2. 设置踏板
3. 铺设坡道
4. 更换地面铺装材料
5. 设置无高差助力器械
6.
7.</td><td>① 安装扶手
2. 消除地面高差
3. 铺设坡道
4. 更换地面铺装材料
5. 设置无高差助力器械
6. 设置楼梯升降助力器械
⑦设置踏板</td></tr>
<tr><td>费用：　日元</td><td>费用：　日元</td><td>费用：　日元</td><td>费用：84000 日元</td><td>费用：116000 日元</td></tr>
<tr><td rowspan="2">福利器具利用情况</td><td colspan="3">□轮椅　■特殊睡床　■扶手　□坡道　□助步器</td><td>费用总计：200000 日元</td></tr>
<tr><td colspan="4">■助步拐杖　□移动助力器械　□便携式便器　■入浴辅助器具　□其他</td></tr>
<tr><td rowspan="2">护理服务介入情况</td><td colspan="4">□上门护理　□上门入浴护理　□上门看护　□上门康复护理　■ 定期到所护理
□定期到所康复护理</td></tr>
<tr><td colspan="4">□居家疗养护理指导　□短期居家生活护理　□短期居家疗养护理　□其他</td></tr>
</table>

◇ 图 3-1　改造要点 ◇

改造动机

◇ 现状

业主于一年前胸椎骨折（T12），加之以前因脑梗塞后遗症，腰腿功能弱化，步行困难，只能在屋内行走。

◇ 目的

由于每周 2 次白天上门护理或者去医院，还要散步、摆弄园中的花草等日常外出的机会较多，想在玄关坡道处安装扶手（见图 3-2）。另外，日常生活中除了从居室到玄关的动线以外，还要考虑紧急之需，居室附近飘窗外面的石阶出现破损，想用铁板再制作一组既高度适中又便于进出居室的台阶，并在两侧安装扶手，确保有一条安全的避难通道（见图 3-3）。

改造要点（见图 3-2）

- 从玄关坡道到院门口之间已经安装了连续扶栏，为了方便从扶栏中部进出庭院，要将中部的栏杆做成开合式的。
- 开合部分的材质考虑用轻质铝合金材料，便于开启放下，其他部分则采用比较结实的不锈钢材料。
- 扶栏表面采用铝合金或不锈钢覆膜，主要考虑到设计和手感效果。

◇ 图 3-2 ◇

改造要点（见图 3-3）

· 考虑到火灾以及地震等紧急之需，将简易出口设置在玄关以外的地方，成为双向避难的措施，以提高居住的安全性。

· 由于现有石阶的高低不均，容易给上下台阶的人造成安全隐患，再用钢板新建一处踏步均高为 120mm 的台阶方便上下，并在两侧安装扶栏保证安全。

◇ 图 3-3 ◇

· 如果没有石阶，也有在预制铺板两侧安装扶栏的案例，还有直接利用带扶栏踏板的案例，施工起来更加简单快捷（见图 3-4）。

带扶手的踏板台

（照片提供：矢崎化工）

◇ 图 3-4 ◇

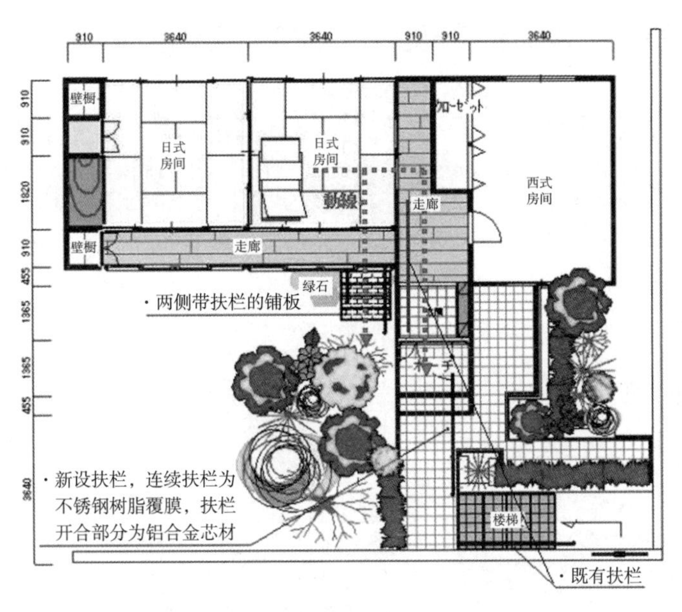

◇ 图 3-5 ◇

总 评

5：很大改善 4：较大改善 3：轻微改善 2：没有改善 1：效果不好

・作为日常外出的活动动线，是从放床的日式房间经过玄关门厅、坡道通廊、外部台阶，再经院门出到大街。沿着这条日常出行动线，从玄关门厅到坡道通廊之间，连续安装的扶手从点到面形成移动动线，患者即使在不拄拐杖，没有护理人员帮扶的情况下，也能独立行走至门外。

・感觉身体状况良好时，老人还可以打开门廊中间的扶栏，到庭院做一些除草、收拾庭院等休闲愉悦的事情，提高了生命的质量 。

・在飘窗外设置的带扶栏的踏板台阶，不仅缩短了外出的距离，同时确保有两条避难通道，有利于紧急时刻的救援或逃生。

・从日式居室到过道，从玄关到玄关门厅，有些地方还没有安装扶手，这会给业主的移动出行留下危险隐患。尽管多次和业主协商，终因费用等原因暂不安装。

❷ 新购住宅内原装扶手不便使用，希望重新安装!

案例序号	2	男 · 女	年龄： 67 岁	发病时间： 2007 年　3 月	痴呆症： 有 · 无

疾病：	蛛网膜下出血引发的右半身麻痹	护理程度：	需要援助 1	需要援助 2	需要护理 ①	需要护理 2	需要护理 3	需要护理 4	需要护理 5	残疾人手册： 3 级 护理人：丈夫

家庭构成： 1. 单身　②夫妇　3. 其他（ 0 ）人　共计（ 2 ）人其中 65 岁以上老人（ 2 ）人

运动功能障碍　残障位置用斜线表示

语言障碍（有 · 无）　视力障碍（有 · 无）　听力障碍（有 · 无）　体内障碍（有 · 无）

移动方式：1. 独立行走　②拄拐杖　③护理人伴行　4. 挪步　5. 坐轮椅　6. 全护

日常行为（ADL）	起居动作	用餐动作	更衣动作	排便动作	梳理动作	洗浴动作	评估标准
评估	○	○		○	○		3：自理
			○			○	2：看护
							1：半护
							0：全护

住房形式：独门独户 · 公寓（产权房 · 私租房 · 公租房）2 层	结构：木结构 钢筋混凝土	工期： 半天
护理保险住宅修缮费的利用情况　（有 · 无）	住宅修缮费利用额： 80850 日元	
身体残障者住宅改造费补贴政策的利用情况　（有 · 无）	公费补助额： 日元	

厕　所	浴 室 · 盥 洗	起 居 · 卧 室	玄 关 · 坡 道	其　他
①安装扶手 2. 安装坐便 3. 调整便器高度 4. 更换便器 5. 更换门扇 6. 消除地面高差 7.	①安装扶手 2. 调整浴缸高度 3. 更换浴缸 4. 安装热水淋浴器 5. 更换门扇 6. 消除浴室地面高差 7. 安装入浴助力器械	1. 安装扶手 2. 改榻榻米为地板 3. 更换门扇 4. 消除地面高差 5. 安装护理助力器械 6. 7.	①安装扶手 2. 设置踏板 3. 铺设坡道 4. 更换地面铺装材料 5. 设置无高差助力器械 6. 7.	1. 安装扶手 2. 消除地面高差 3. 铺设坡道 4. 更换地面铺装材料 5. 设置无高差助力器械 6. 设置楼梯升降助力器械 7.
费用： 15750 日元	费用： 39900 日元	费用： 日元	费用： 25200 日元	费用： 日元

福利器具利用情况	□轮椅　□特殊睡床　■扶手　□坡道　□步行器　　费用总计： 80850 日元 ■助步拐杖　□移动助力器　□便携式便器　■入浴辅助器具　□其他
护理服务介入情况	■上门护理　□上门入浴护理　□上门看护　□上门康复护理　■ 定期到所护理　□定期到所康复护理 □居家疗养护理指导　□短期居家生活护理　□短期居家疗养护理　□其他

◇ 图 3-6　住宅改造要点 ◇

改造动机

◇ 现状

业主患右半身麻痹，所购置的住房内尽管有扶手，但业主需要的位置却没有安装扶手。

◇ 目的

利用护理保险的住宅改造经费，新增设扶手。

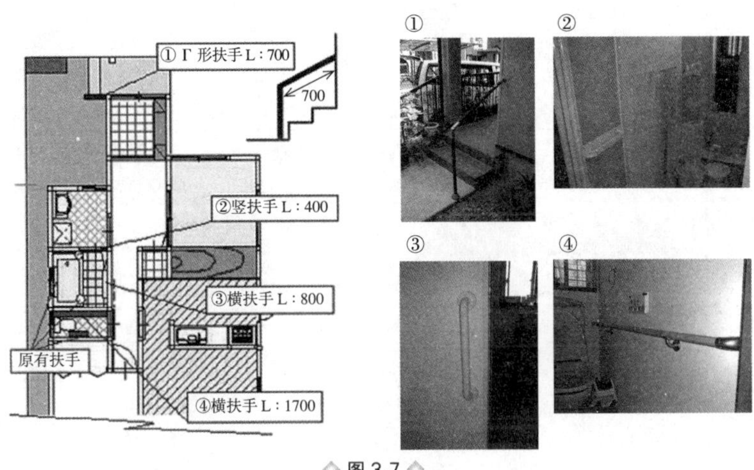

◇ 图 3-7 ◇

施工要点

· 在最近建成的住宅中，扶手都是按照国际化模式设计的，大多安装在玄关门、厕所、浴室、楼梯等处。但是，业主病残的情况不同，需要安装扶手的位置也不尽相同。扶手的安装位置应充分考虑不同患者的病情需要，还要考虑与原有扶手在颜色、设计上的风格统一。

总　评

5：很大改善 4：较大改善 3：轻微改善 2：没有改善 1：效果不好

厕所扶手的位置要前置，便于前蹲姿势如厕时充分利用腕部的力量。因此需要请业主本人实际演示一下，安装在稍高一些的位置，方便业主便后站起。

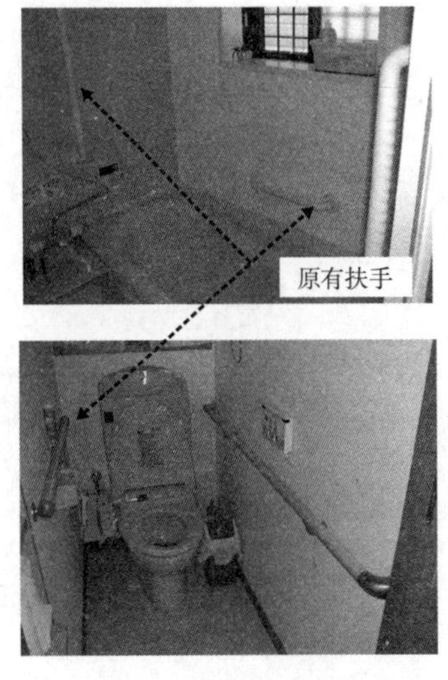

◇ 图 3-8 ◇

3·2　帕金森病

❶ 希望能到二楼的阳台晾晒衣服!

案例序号	3	男·(女)	年龄： 79 岁	发病时间： 1980 年 10 月	痴呆症： 有·(无)

疾病：	由帕金森病引发的股关节脱臼	护理程度：	需要援助 1 (2)	需要护理 1 2 3 4 5	残疾人手册： 3 级 护理人：丈夫

家庭构成： 1. 单身 (2.)夫妇 3. 其他（ 0 ）人 共计（ 2 ）人其中 65 岁以上老人（ 2 ）人

运动功能障碍 残障位置用斜线表示 1 2 3 4	语言障碍（有·(无)） 视力障碍（有·(无)） 听力障碍（有·(无)） 体内障碍（有·(无)）
	移动方式：1. 独立行走 (2.)拄拐杖 3. 护理人伴行 4. 挪步 5. 坐轮椅 6. 全护

日常行为（ADL）	起居动作	用餐动作	更衣动作	排便动作	梳理动作	洗浴动作	评估标准
评估	○	○	○	○	○		3：自理
						○	2：看护
							1：半护
							0：全护

住房形式：(独门独户)·公寓（(产权房)·私租房·公租房）2 层	结构：(木结构) 钢筋混凝土	工期： 半天
护理保险住宅修缮费的利用情况 （(有)·无）	住宅修缮费利用额： 126000 日元	
身体残障者住宅改造费补贴政策的利用情况 （有·(无)）	公费补助额： 日元	

厕所	浴室·盥洗	起居·卧室	玄关·坡道	其他
1. 安装扶手 2. 安装坐便 3. 调整便器高度 4. 更换便器 5. 更换门扇 6. 消除地面高差 7.	1. 安装扶手 2. 调整浴缸高度 3. 更换浴缸 4. 安装热水淋浴器 5. 更换门扇 6. 消除浴室地面高差 7. 安装入浴助力器械	1. 安装扶手 2. 改榻榻米为地板 3. 更换门扇 4. 消除地面高差 5. 安装护理助力器械 6. 7.	1. 安装扶手 2. 设置踏板 3. 铺设坡道 4. 更换地面铺装材料 5. 设置无高差助力器械 6. 7.	(1.) 安装扶手 2. 消除地面高差 3. 铺设坡道 4. 更换地面铺装材料 5. 设置无高差助力器械 6. 设置楼梯升降助力器械 (7.)设置踏板
费用： 日元	费用： 日元	费用： 日元	费用： 日元	费用：126000 日元

福利器具利用情况	□轮椅 □特殊睡床 □扶手 □坡道 □步行器	费用总计：126000 日元
	■助步拐杖 □移动助力器 □便携式便器 ■入浴辅助器具 □其他	
护理服务介入情况	□上门护理 □上门入浴护理 □上门看护 □上门康复护理 ■定期到所护理 □定期到所康复护理	
	□居家疗养护理指导 □短期居家生活护理 □短期居家疗养护理 □其他	

◇ 图 3-9　住宅改造要点 ◇

改造动机

◇ 现状

在通往晾晒衣物的阳台出入口，有一个高差达 700mm 的中窗，这对腰腿不利落的老年夫妇来说，是个很大的负担。

◇ 目的

· 为了帮助妻子实现自己洗晒衣服的愿望，决定对高差处实施改造。

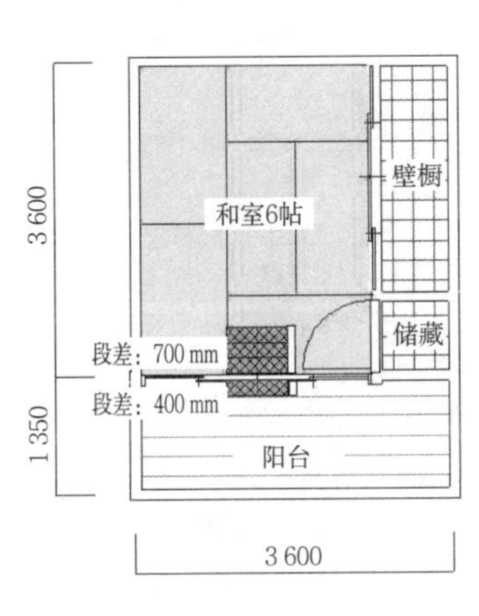

◇ 图 3-10 ◇

改造前

改造后

◇ 图 3-11 ◇

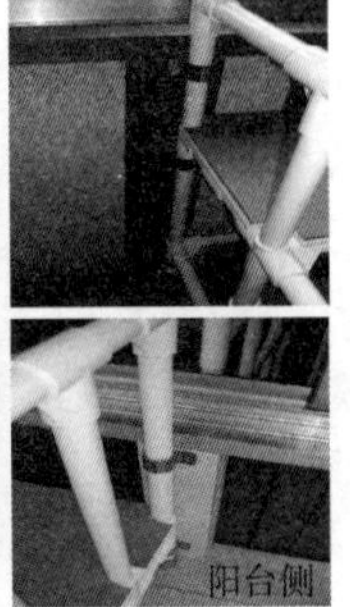

◇ 图 3-12 ◇

施工要点

· 作为消除高差的方法，我们提议将中窗改造为飘窗，但最终还是按照预算安装了价格相对便宜的带扶手的铺板台阶（见图 3-4）。

· 通往阳台的日式房间地面难以固定，用加固板做一面 15mm 厚的实墙做空间支撑，再用金属座板支撑固定墙。

· 图 3-12 的情况相同，但它安装了一个带单侧扶手的三段式踏板台，这是一个效果不错的改造实例。

总　评

5：很大改善 4：较大改善 [3]：轻微改善 2：没有改善 1：效果不好

虽然改善了跨越高差，但通往阳台的门框高度只有 1200mm，有时会碰到头部，考虑到老人病情的发展，今后还需要进一步改善。

❷ 将厕所和浴室合为一室，方便患者坐轮椅进出! ◆◆◆◆◆◆◆

案例序号	4	男·(女)	年龄：72 岁	发病时间：1987 年 12 月	痴呆症：有·(无)
疾病：帕金森病	护理程度：	需要援助 1 2	需要护理 1 2 3 ④ 5	残疾人手册：1 级	护理人：佣人
家庭构成：①单身 2. 夫妇 3. 其他（4）人 共计（5）人其中 65 岁以上老人（1）人					

运动功能障碍 残障位置用斜线表示	语言障碍（(有)·无） 视力障碍（有·(无)） 听力障碍（有·(无)） 体内障碍（有·(无)）
	移动方式：1. 独立行走 2. 拄拐杖 ③护理人伴行 4. 挪步 5. 坐轮椅 6. 全护

日常行为（ADL）	起居动作	用餐动作	更衣动作	排便动作	梳理动作	洗浴动作	评估标准
评估							3：自理
	○			○			2：看护
		○	○		○	○	1：半护
							0：全护

住房形式：(独门独户)·公寓（(产权房)·私租房·公租房）1 层	结构：(木结构) 钢筋混凝土	工期：14 天
护理保险住宅修缮费的利用情况 （(有)·无）	住宅修缮费利用额：200000 日元	
身体残障者住宅改造费补贴政策的利用情况 （(有)·无）	公费补助额：800000 日元	

厕所	浴室·盥洗	起居·卧室	玄关·坡道	其他
①安装扶手 2. 安装坐便 3. 调整便器高度 ④更换便器 ⑤更换门扇 ⑥消除地面高差 ⑦带冲洗功能座便器	1. 安装扶手 ②调整浴缸高度 ③更换浴缸 ④安装热水淋浴器 ⑤更换门扇 ⑥消除浴室地面高差 7. 安装入浴助力器械	1. 安装扶手 2. 改榻榻米为地板 3. 更换门扇 4. 消除地面高差 5. 安装护理助力器械 6. 7.	1. 安装扶手 2. 设置踏板 3. 铺设坡道 4. 更换地面铺装材料 5. 设置无高差助力器械 6. 7.	1. 安装扶手 2. 消除地面高差 3. 铺设坡道 4. 更换地面铺装材料 5. 设置无高差助力器械 6. 设置楼梯助力器械 7.
费用：656250 日元	费用：1386000 日元	费用：　日元	费用：　日元	费用：　日元

福利器具利用情况	■轮椅 ■特殊睡床 ■扶手 ■坡道 □步行器	费用总计：2042250 日元
	□助步拐杖 □移动助力器 ■便携式便器 □入浴辅助器具 □其他	
护理服务介入情况	■上门护理 □上门入浴护理 ■上门看护 □上门康复护理 □定期到所护理 ■定期到所康复护理	
	□居家疗养护理指导 ■短期居家生活护理 □短期居家疗养护理 □其他	

◇ 图 3-13　住宅改造要点 ◇

改造动机

◇ 现状

业主因长期患病，居家行动全靠轮椅，厕所和浴室的空间十分狭窄。

◇ 目的

考虑到病情的发展，将厕所、浴室扩建为一室，以保证轮椅的使用空间。

改造要点

- 改造前厕所墙芯到芯尺寸为 910mm × 1365mm ，浴室墙芯到芯的开口宽度为 1365mm 的四方形空间。业主所患帕金森病的病情达到四级的重度，在室内行走离开轮椅就寸步难行。应该将厕所、浴室扩建为一室，将墙壁芯到芯的开口尺寸拓宽到 2275mm × 1365mm，方便轮椅的进出，以及使用坐便椅、沐浴椅所需的空间。
- 出入口采用三折门，确保 900mm 的有效宽度。另外，设置两处泄水地漏。消除与更衣一侧的地面高差，防止厕所一侧的污水流入。

改造前

◇ 图 3-14 ◇

◇ 图 3-15 ◇

总　　评

5：很大改善 4：较大改善 3：轻微改善 2：没有改善 1：效果不好

要保证更衣、盥洗的所需空间，在隔断进深只能做到 1365mm 的情况下，将两者合二为一室，才能保证轮椅进出的动线空间，方便患者洗浴、更衣。

3·3 风湿性关节炎

❶ 业主借助脚部撑力掌控坐浴轮椅在室内移动!

案例序号	5	男(○)·女	年龄：76 岁	发病时间：1996 年 3 月	痴呆症：有·无(○)

疾病：风湿关节炎	护理程度：	需要援助 1	需要援助 2	需要护理 1	需要护理 2	需要护理 ③	需要护理 4	需要护理 5	残疾人手册：2 级；护理人：妻子

家庭构成：1. 单身 ②夫妇 3. 其他（0）人 共计（2）人其中 65 岁以上老人（2）人

运动功能障碍 残障位置用斜线表示

语言障碍（有·无(○)） 视力障碍（有·无(○)） 听力障碍（有·无(○)） 体内障碍（有·无(○)）

移动方式：1. 独立行走 2. 拄拐杖 3. 护理人伴行 4. 挪步 ⑤坐轮椅 6. 全护

日常行为（ADL）	起居动作	用餐动作	更衣动作	排便动作	梳理动作	洗浴动作	评估标准
评估		○					3：自理
	○			○			2：看护
			○		○	○	1：半护
							0：全护

住房形式：独门独户·公寓(○)（产权房·私租房·公租房(○)）2 层	结构：木结构·钢筋混凝土(○)	工期：4 天
护理保险住宅修缮费的利用情况（有(○)·无）	住宅修缮费利用额：200000 日元	
身体残障者住宅改造费补贴政策的利用情况（有(○)·无）	公费补助额：564900 日元	

厕所	浴室·盥洗	起居·卧室	玄关·坡道	其他
①安装扶手 2. 安装坐便 ③调整便器高度 ④更换便器 ⑤更换门扇 ⑥消除地面高差 ⑦带冲洗功能座便器	1. 安装扶手 2. 调整浴缸高度 3. 更换浴缸 4. 安装热水淋浴器 5. 更换门扇 ⑥消除浴室地面高差 7. 安装入浴助力器械	1. 安装扶手 2. 改榻榻米为地板 ③更换门扇 4. 消除地面高差 5. 安装护理助力器械 6. 7.	1. 安装扶手 2. 设置踏板 3. 铺设坡道 4. 更换地面铺装材料 5. 设置无高差助力器械 6. 7.	1. 安装扶手 2. 消除地面高差 3. 铺设坡道 4. 更换地面铺装材料 5. 设置无高差助力器械 6. 设置楼梯助力器械 7.
费用：672500 日元	费用：39900 日元	费用：52500 日元	费用：日元	费用：日元

福利器具利用情况	■轮椅 ■特殊睡床 ■扶手 ■坡道 ■步行器　费用总计：764900 日元 □助步拐杖 □移动助力器 ■便携式便器 ■入浴辅助器具 □其他
护理服务介入情况	■上门护理 □上门入浴护理 □上门看护 □上门康复护理 □定期到所护理 □定期到所康复护理 □居家疗养护理指导 □短期居家生活护理 □短期居家疗养护理 □其他

◇ 图 3-16 住宅改造要点 ◇

改造动机

◇ 现状

业主因患风湿病，导致手脚关节变形、肿胀、疼痛、步行困难，在室内行走完全靠小型的坐浴用轮椅。为了不给关节造成负担，经常用脚的滑动来控制移动（见图 3-17）。排便只能用放在床边的便携式便盆。身体稍好些，总想借助轮椅去厕所，但通往厕所的动线比较复杂，而且存在厕所狭窄、地面高差、坐便低矮、起身费力（见图 3-18）等诸多问题。

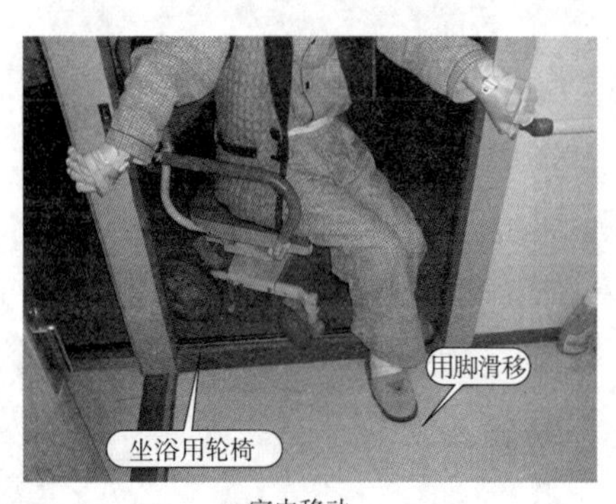

室内移动

◇ 图 3-17 ◇

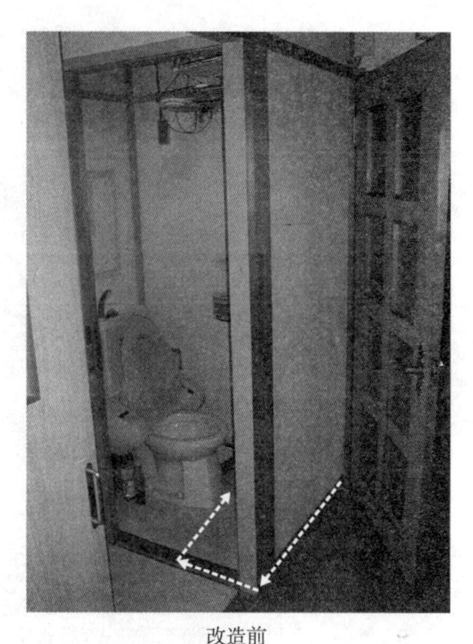

改造前

◇ 图 3-18 ◇

◇ 目的

由于是公共租赁住宅，不能进行大的改动，厕所空间狭窄的问题，只能在现有条件下想办法拓宽。

施工要点

· 由卧室到达厕所的动线复杂，厕所的拓宽空间又有限，如果把坐便器正面的墙打掉，同时也解决了轮椅进入厕所的难题。拓宽的出入口地面抹平后开 V 形地沟槽，安装推拉门，可以与盥洗间兼用（见图 3-19- ①）。

· 从起居室到厕所动线上的平开门，也要更换成坐在轮椅上方便开关的推拉门（见图 3-19- ②）。

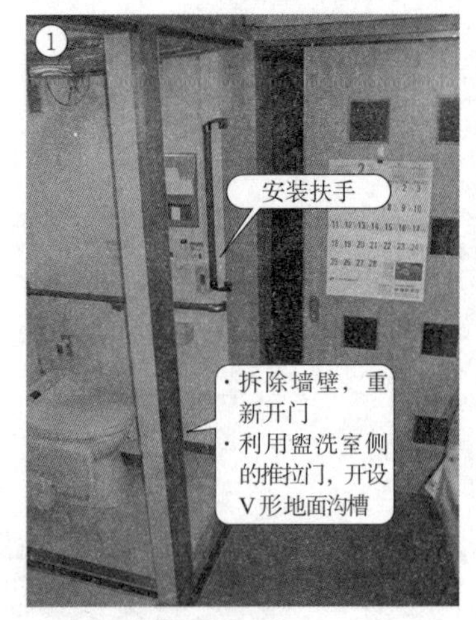

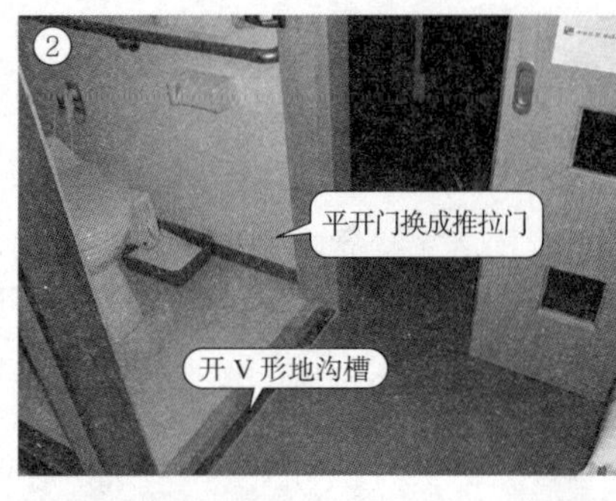

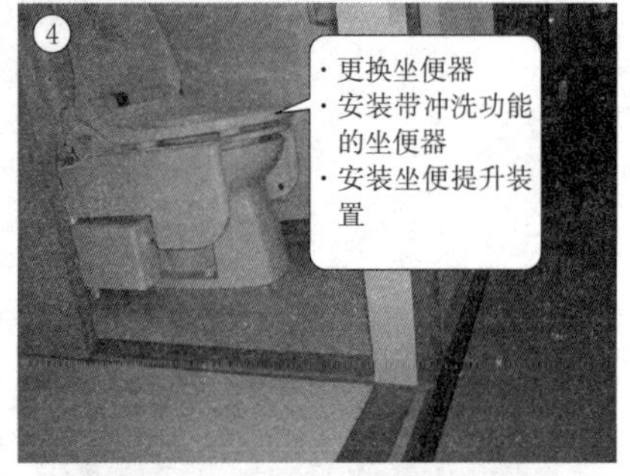

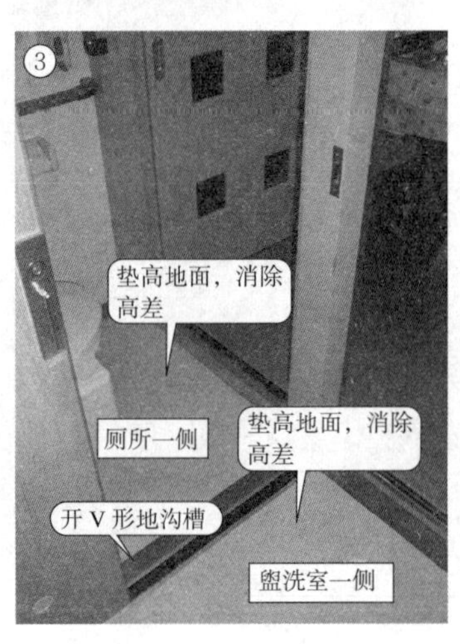

改造后

◇ 图 3-19 ◇

· 厕所与盥洗室的地面高差采用垫高方式与室内地面找平。因此，要将厕所门的底框拆除，重新开设 V 形地面沟槽（见图 3-19- ③）。
· 给坐便器加装清洗功能，方便业主便后清洗。另外，安装便器升降装置，方便患者蹲下和站起（见图 3-19- ④）。
· 将轮椅放在厕所门前，方便患者从轮椅到坐便器，再从坐便器回到轮椅，并在合适的位置安装两处扶手（见图 3-19- ①⑤）。

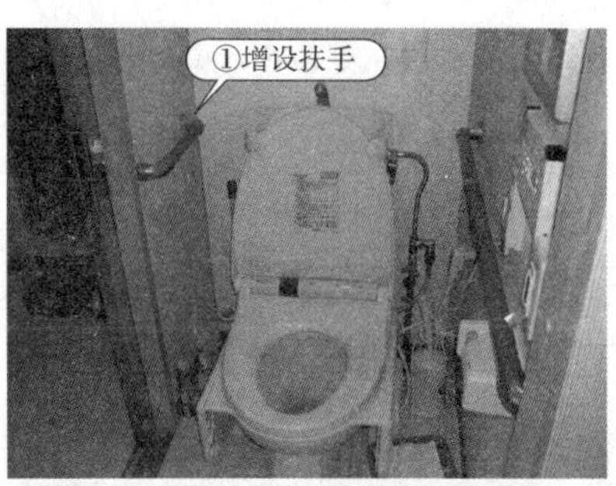

· 改造完工数日后，在进行跟踪回访时发现，患者从轮椅到坐便器，再从坐便器回到轮椅的情况虽然比改造前有所改善，但仍然没有到位，因此，决定再增设三处扶手。
· 安装在②所示位置的扶手，因考虑到其他家庭成员的出入，采用可拆装的扶手。

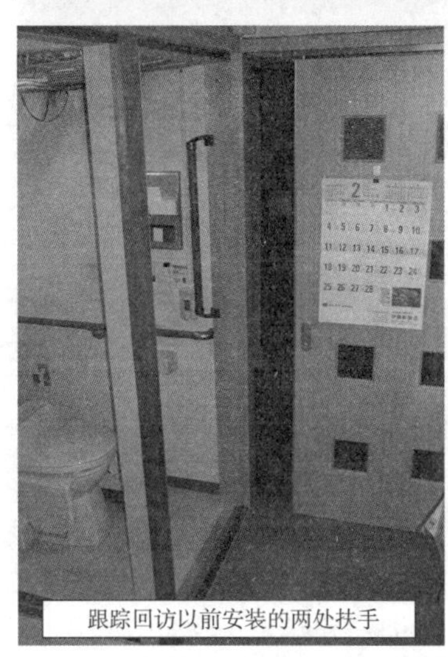

改造后

◇ 图 3-20 ◇

总　评

5：很大改善 4：较大改善 3：轻微改善 2：没有改善 1：效果不好

· 对于公共租赁住宅，退租后要求恢复原貌，因此难以进行大规模的改造。本案例改造的规模虽小，功能却得到了很大的改善。比如缩短了从卧室到厕所将近一半的距离，在护理员的帮助下，自己也能坐到便器上。
· 风湿性关节炎是一种不断发展的慢性病，受到关节弯曲的限制，导致日常行动障碍。今后应放大可冲洗坐便器的遥控按钮，将保护关节作为此类住宅环境改造工作的重点。

❷ 希望能减轻关节负担的居家环境!

案例序号	6	男·**女**	年龄： 59 岁	发病时间： 2005 年 8 月	痴呆症： 有·**无**

疾病：风湿关节炎	护理程度：	需要援助		需要护理					残疾人手册： 3 级
		1	2	**1**	2	3	4	5	护理人：女儿

家庭构成： 1. 单身 **2.** 夫妇 3. 其他（2）人 共计（4）人其中 65 岁以上老人（0）人

运动功能障碍
残障位置用斜线表示

语言障碍（有·**无**） 视力障碍（有·**无**） 听力障碍（有·**无**） 体内障碍（有·**无**）

移动方式：**1.** 独立行走 2. 拄拐杖 **3.** 护理人伴行 4. 挪步 5. 坐轮椅 6. 全护

日常行为（ADL）	起居动作	用餐动作	更衣动作	排便动作	梳理动作	洗浴动作	评估标准
评估	○			○			3：自理
		○	○		○	○	2：看护
							1：半护
							0：全护

住房形式：**独门独户**·公寓（**产权房**·私租房·公租房）2 层	结构：**木结构**·钢筋混凝土	工期： 1 天
护理保险住宅修缮费的利用情况 （**有**·无）	住宅修缮费利用额： 200000 日元	
身体残障者住宅改造费补贴政策的利用情况 （有·**无**）	公费补助额： 日元	

厕所	浴室·盥洗	起居·卧室	玄关·坡道	其他
1. 安装扶手 2. 安装坐便 **3.** 调整便器高度 **4.** 更换便器 5. 更换门扇 6. 消除地面高差 **7.** 带冲洗功能座便器	1. 安装扶手 2. 调整浴缸高度 3. 更换浴缸 4. 安装热水淋浴器 5. 更换门扇 6. 消除浴室地面高差 **7.** 安装入浴助力器械	1. 安装扶手 2. 改榻榻米为地板 3. 更换门扇 4. 消除地面高差 5. 安装护理助力器械 6. 7.	1. 安装扶手 2. 设置踏板 3. 铺设坡道 4. 更换地面铺装材料 5. 设置无高差助力器械 6. 7.	**1.** 安装扶手 2. 消除地面高差 3. 铺设坡道 4. 更换地面铺装材料 5. 设置无高差助力器械 6. 设置楼梯助力器械 7.
费用：294000 日元	费用：262500 日元	费用： 日元	费用： 日元	费用：281900 日元

福利器具利用情况	■轮椅 ■特殊睡床 ■扶手 ■坡道 □步行器	费用总计：838400 日元
	□助步拐杖 □移动助力器 ■便携式便器 ■入浴辅助器具 □其他	
护理服务介入情况	■上门护理 □上门入浴护理 □上门看护 □上门康复护理 ■定期到所护理 □定期到所康复护理	
	□居家疗养护理指导 □短期居家生活护理 □短期居家疗养护理 □其他	

◇ 图 3-21 住宅改造要点 ◇

改造动机

◇ 现状

业主因全身关节肿胀和疼痛导致关节变形，造成行走障碍。

◇ 目的

· 为减轻关节的负担，安装扶手以及相关设施。

施工要点

安装平板式扶手：由于手指变形，两手不能抓握走廊和台阶处的扶手，只能靠手和肘部的力量支撑，慢慢移动身体。

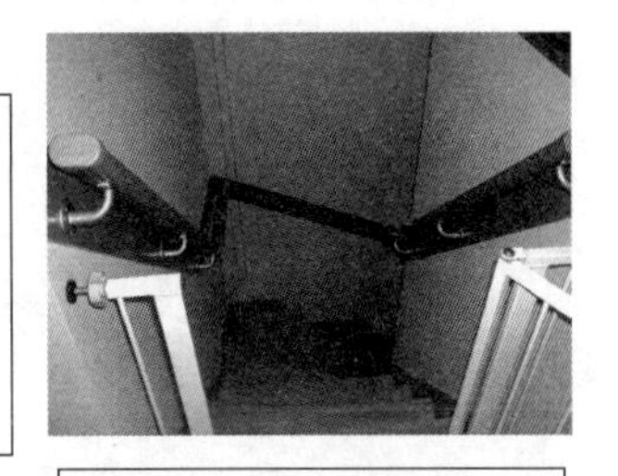

安装防跌倒护栏：防止容易因关节痛或体力不支而摔倒。

升降式洗面台，可通过按钮调节高度。

能减轻关节负担的设施：由于下肢关节不能自由弯曲，应安装能调节洗面台和坐便高度的设备。另外，还要安装带遥控温洗功能的坐便器，只要轻轻按动按钮，便可完成便后的冲洗。

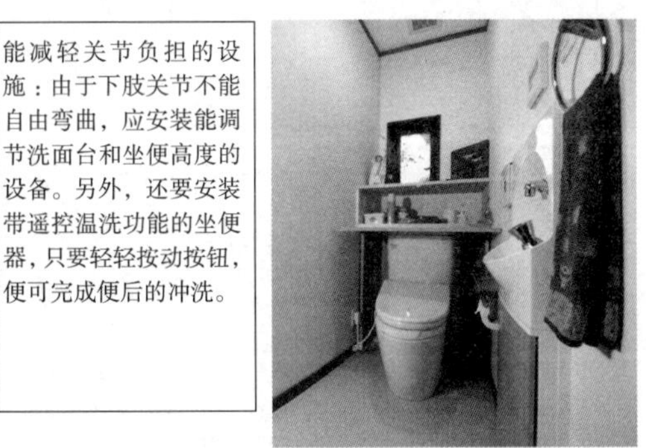

带温洗功能并加高的坐便器：将坐便器高度提升到 450mm，方便业主便后起身。

◇ 图 3-22 ◇

总　　评

5：很大改善 4（选中）：较大改善 3：轻微改善 2：没有改善 1：效果不好

在走廊 900mm 高的位置安装平板扶手。这个位置，即使业主的病情有所加重，也不会妨碍业主坐轮椅通过 750mm 宽的走廊。

3·4 发展性疾病

❶ 克服站立困难！依靠福利用具帮助自理排便

案例序号	7	男·【女】	年龄： 45 岁	发病时间： 1970 年 3 月	痴呆症： 有·【无】
疾病：肌肉萎缩		护理程度：【福利对象以外人员】	需要援助 1 2	需要护理 1 2 3 4 5	残疾人手册： 2 级 护理人：妹妹
家庭构成： 【1.】单身 2. 夫妇 3. 其他（1）人 共计（2）人其中 65 岁以上老人（0）人					
运动功能障碍 残障位置用斜线表示		语言障碍（【有】·无） 视力障碍（有·【无】） 听力障碍（有·【无】） 体内障碍（有·【无】）			
		移动方式：1. 独立行走 2. 拄拐杖 3. 护理人伴行 【4.】挪步 【5.】坐轮椅 6. 全护			

日常行为（ADL）	起居动作	用餐动作	更衣动作	排便动作	梳理动作	洗浴动作	评估标准
评估	○	○					3：自理
				○	○		2：看护
			○			○	1：半护
							0：全护

住房形式：独门独户·【公寓】（产权房·私租房·【公租房】）2 层	结构：木结构 钢结构 【钢筋混凝土】	工期： 4 天
护理保险住宅修缮费的利用情况 （有·【无】）	住宅修缮费利用额： 日元	
身体残障者住宅改造费补贴政策的利用情况 （【有】·无）	公费补助额： 609000 日元	

厕所	浴室·盥洗	起居·卧室	玄关·坡道	其他
【1.】安装扶手 2. 安装坐便 【3.】调整便器高度 4. 更换便器 5. 更换门扇 6. 消除地面高差 【7.】带冲洗功能坐便器	1. 安装扶手 2. 调整浴缸高度 3. 更换浴缸 4. 安装热水淋浴器 5. 更换门扇 6. 消除浴室地面高差 7. 安装入浴助力器	1. 安装扶手 【2.】改榻榻米为地板 3. 更换门扇 4. 消除地面高差 5. 安装护理助力器 6. 7.	1. 安装扶手 2. 设置踏板 3. 铺设坡道 4. 更换地面铺装材料 5. 设置无高差助力器 6. 7.	1. 安装扶手 2. 消除地面高差 3. 铺设坡道 4. 更换地面铺装材料 5. 设置无高差助力器 6. 设置楼梯助力器 7.
费用：430500 日元	费用： 日元	费用：178500 日元	费用： 日元	费用： 日元

福利器具利用情况	■轮椅 ■特殊睡床 ■扶手 ■坡道 □步行器	费用总计：609000 日元
	□助步拐杖 □移动助力器 ■便携式便器 ■入浴辅助器具 □其他	
护理服务介入情况	■上门护理 □上门入浴护理 □上门看护 □上门康复护理 □定期到所护理 □定期到所康复护理	
	□居家疗养护理指导 □短期居家生活护理 □短期居家疗养护理 □其他	

◇ 图 3-23 住宅改造要点 ◇

改造动机

◇ 现状

业主平日在家挪步而行。一直在家护理她的妹妹要出去工作，今后白天家里就剩她一个人，希望改造成能够自理的居住环境。

◇ 目的

方便业主上厕所，消除起居室到厕所的地面高差，同时，安装帮助业主坐到便器上的助力器。

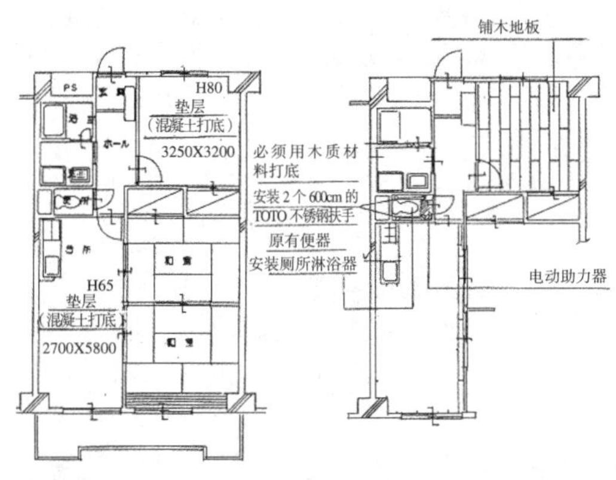

◇ 图 3-24 ◇

◇ 图 3-25 ◇

施工要点

- 将业主平时居住的卧室地面垫高，消除65mm的地面高差。另外，考虑到业主平日挪步而行，选择质地柔软的木地板铺装地面。
- 为帮助业主换移到坐便器上，即使厕所空间狭窄，也可以考虑安装有升降功能的福利器具。
- 另外，还可以安装帮助业主从升降助力器换移到坐便器的扶手，并安装带温洗功能的坐便器。

◇ 图 3-26 ◇

总　评

5：很大改善 4：较大改善 3：轻微改善 2：没有改善 1：效果不好

对于挪步而行者使用的便器，还可以考虑埋入式的改造方法（参见后面的图 3-28）。但公共租赁住房都是钢筋混凝土结构，不易施工，采用本公司专门研制的福利用具受到用户好评。

❷ 靠挪步而行的业主希望能够独立洁净地排便！

案例序号	8	男·女	年龄：39 岁	发病时间：1995 年 3 月	痴呆症：有·无
疾病：肌肉萎缩		护理程度：福利对象以外人员	需要援助 1 2；需要护理 1 2 3 4 5	残疾人手册：2 级；护理人：母亲	
家庭构成：1.单身　2. 夫妇　3. 其他（2）人　共计（4）人其中 65 岁以上老人（1）人					
运动功能障碍 残障位置用斜线表示		语言障碍（有·无）　视力障碍（有·无）　听力障碍（有·无）　体内障碍（有·无）			
		移动方式：1. 独立行走　2. 拄拐杖　3. 护理人伴行　4.挪步　5.坐轮椅　6. 全护			

日常行为（ADL）	起居动作	用餐动作	更衣动作	排便动作	梳理动作	洗浴动作	评估标准
评估	○	○			○		3：自理
				○			2：看护
			○			○	1：半护
							0：全护

住房形式：独门独户·公寓（产权房·私租房·公租房）2 层	结构：木结构　钢结构　钢筋混凝土	工期：6 天
护理保险住宅修缮费的利用情况（有·无）	住宅修缮费利用额：日元	
身体残障者住宅改造费补贴政策的利用情况（有·无）	公费补助额：300000 日元	

厕　所	浴　室·盥　洗	起　居·卧　室	玄　关·坡　道	其　他
1. 安装扶手 2. 安装坐便 3.调整便器高度 4.更换便器 5.更换门扇 6.消除地面高差 7.带冲洗功能坐便器	1. 安装扶手 2. 调整浴缸高度 3. 更换浴缸 4. 安装热水淋浴器 5. 更换门扇 6. 消除浴室地面高差 7. 安装入浴助力器	1. 安装扶手 2. 改榻榻米为地板 3. 更换门扇 4. 消除地面高差 5. 安装护理助力器 6. 7.	1. 安装扶手 2. 设置踏板 3. 铺设坡道 4. 更换地面铺装材料 5. 设置无高差助力器 6. 7.	1. 安装扶手 2. 消除地面高差 3. 铺设坡道 4. 更换地面铺装材料 5. 设置无高差助力器 6. 设置楼梯助力器 7.
费用：756000 日元	费用：　日元	费用：　日元	费用：　日元	费用：　日元

福利器具利用情况	■轮椅　■特殊睡床　■扶手　■坡道　□步行器	费用总计：756000 日元
	□助步拐杖　□移动助力器　■便携式便器　□入浴辅助器具　□其他	
护理服务介入情况	■上门护理　□上门入浴护理　□上门看护　□上门康复护理　□定期到所护理　□定期到所康复护理	
	□居家疗养护理指导　□短期居家生活护理　□短期居家疗养护理　□其他	

◇ 图 3-27　住宅改造要点 ◇

改造动机

◇ 现状

业主的双下肢残废，靠挪至日式便器将臀部直接坐到便器上排便。

◇ 目的

由于排便后业主不能自理清除干净，希望改造成洁净卫生的如厕环境。

施工要点

· 由于业主是和家人共用的厕所，因此，保留原有小便器，将大便器的坐面紧贴地面，再为其他家人设计一个放脚的地方。西式坐便器要求埋入地下，排水管也比普通管道的位置低很多，因此这是个很费工时的改造工程。

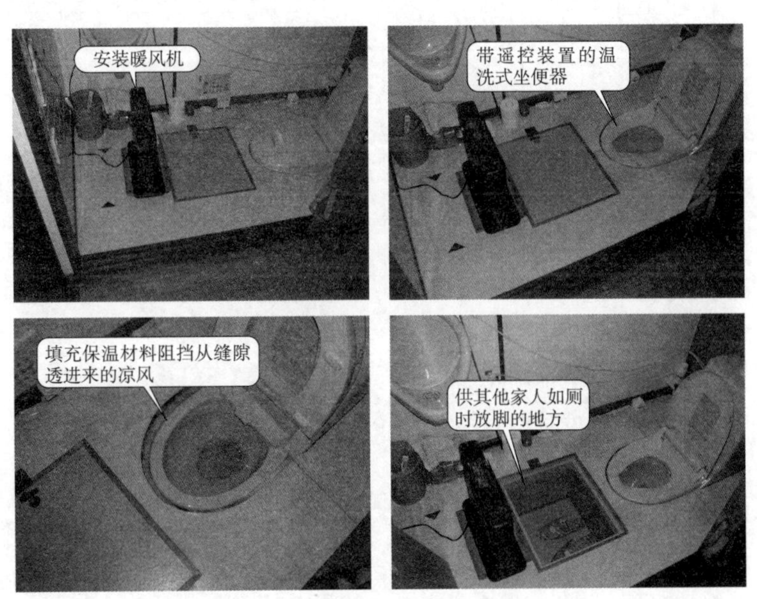

◇ 图 3-28 ◇

总　评

5：很大改善 [4]：较大改善 3：轻微改善 2：没有改善 1：效果不好

对于业主本人，改善了方便洁净的如厕环境，但对家人而言，如厕环境却不如以前了。其实，改造的初衷是为患者设置一个专用的埋入式便器，另外再为家人单设一个厕所的方案虽然理想，但经济负担又过大。

3·5　脑麻痹

❶ 希望一直都能生活在自己家里!

案例序号	9	男·女	年龄：43 岁	发病时间：1995 年 3 月	痴呆症：有·无

疾病：脑麻痹	护理程度：福利对象以外人员	需要援助 1 2	需要护理 1 2 3 4 5	残疾人手册：1 级 护理人：佣人

家庭构成：1.单身　2. 夫妇　3. 其他（2）人　共计（3）人其中 65 岁以上老人（2）人

运动功能障碍 残障位置用斜线表示	语言障碍（有·无）　视力障碍（有·无）　听力障碍（有·无）　体内障碍（有·无）
1 2 3 4	移动方式：1. 独立行走　2. 拄拐杖　3. 护理人伴行　4. 挪步　5.坐轮椅　6. 全护

日常行为（ADL）	起居动作	用餐动作	更衣动作	排便动作	梳理动作	洗浴动作	评估标准
评估		○			○		3：自理
	○		○	○			2：看护
							1：半护
						○	0：全护

住房形式：独门独户·公寓（产权房·私租房·公租房）2 层	结构：木结构 钢结构 钢筋混凝土	工期：14 天
护理保险住宅修缮费的利用情况（有·无）	住宅修缮费利用额：日元	
身体残障者住宅改造费补贴政策的利用情况（有·无）	公费补助额：1000000 日元	

厕所	浴室·盥洗	起居·卧室	玄关·坡道	其他
1.安装扶手 2. 安装坐便 3.调整便器高度 4.更换便器 5.更换门扇 6.消除地面高差 7.带冲洗功能坐便器	1.安装扶手 2.调整浴缸高度 3.更换浴缸 4.安装热水淋浴器 5.更换门扇 6.消除浴室地面高差 7.安装入浴助力器	1. 安装扶手 2. 改榻榻米为地板 3. 更换门扇 4. 消除地面高差 5. 安装护理助力器 6. 7.	1. 安装扶手 2. 设置踏板 3. 铺设坡道 4. 更换地面铺装材料 5. 设置无高差助力器 6. 7.	1. 安装扶手 2. 消除地面高差 3. 铺设坡道 4. 更换地面铺装材料 5. 设置无高差助力器 6. 设置楼梯助力器 7.
费用：567000 日元	费用：1890000 日元	费用：日元	费用：日元	费用：日元

福利器具利用情况	■轮椅　■特殊睡床　□扶手　■坡道　□步行器　费用总计：2457000 日元 □助步拐杖　□移动助力器　■便携式便器　□入浴辅助器具　□其他
护理服务介入情况	■上门护理　□上门入浴护理　□上门看护　□上门康复护理　□定期到所护理　□定期到所康复护理 □居家疗养护理指导　□短期居家生活护理　□短期居家疗养护理　□其他

◇ 图 3-29　住宅改造要点 ◇

1 2 3 4 5 6

改造动机

◇ 现状

业主因先天性疾病，平日在家靠轮椅挪动，由于空间狭窄，轮椅不能进到浴室和厕所。洗澡完全依靠护理人员帮助。如果能用轮椅将业主送到便器边上，她就可以利用扶手自理排便。

◇ 目的

选择在北侧将卫生间（含浴室、盥洗更衣、厕所）整体扩建为 910mm（参见图 3-30、图 3-31 平面图），增大了浴室和厕所的空间。

施工要点

· 浴室的使用面积从 1365mm × 1820mm 扩大到一坪；浴缸也要扩大，方便护理员助浴；厕所坐便器前面的空间拓宽到 450mm，方便患者用脚操控坐浴用轮椅进入厕所（见图 3- 31 ③），到达坐便器（见图 3-31）。具体操作：A 为确保 800mm 有效宽度，安装两折门便于开关，选择棍状扶手便于业主把握，扶手表面为聚氨酯覆膜（图 3-31 ①、②）。

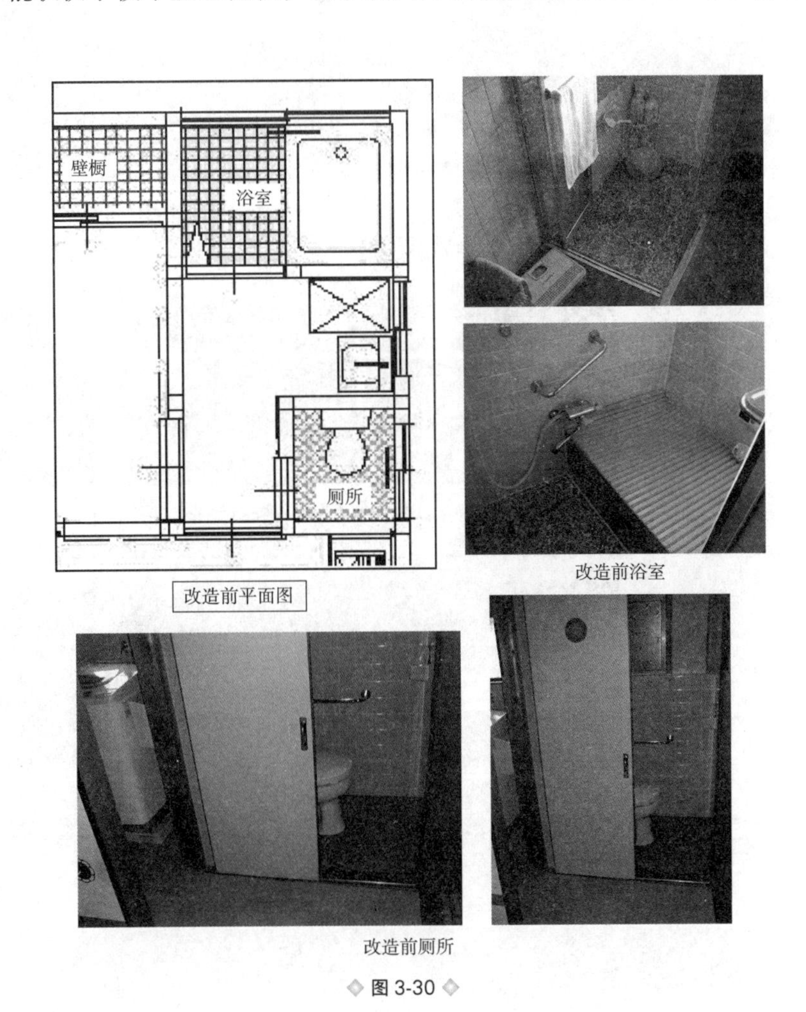

改造前平面图

改造前浴室

改造前厕所

◇ 图 3-30 ◇

B. 先将上扬式扶手在业主前方放下，再将转动式扶手往跟前拉近，业主将腕部架在上面，撑起身体从轮椅挪到坐便器（图 3- 31 ④、⑤）。同时，扶手距离带温洗功能的坐便器很近，按动上面的遥控按钮方便冲洗（见（图 3-32）。C. 挪到坐便器上后，借助靠背式上扬扶手（图 3-31 ⑥）在便位上坐稳。另外，安装在厕所门口一侧的靠背式扶手，待轮椅移出后，再落下收好（图 3-31 ⑤、⑥）。

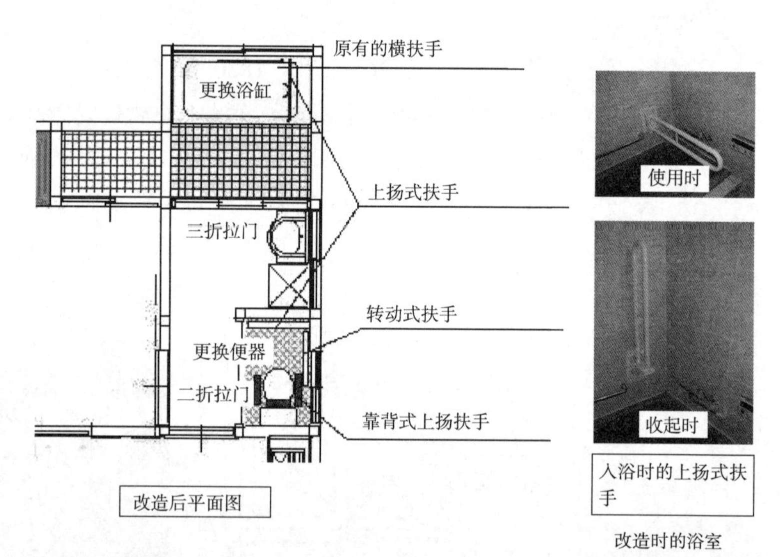

改造后平面图

入浴时的上扬式扶手

改造时的浴室

①
为便于手握，边缘卷起

开关拉门的棒形把手，用聚氨酯覆膜后便于把握

为确保 800mm 宽的有效开口，选用两折拉门

用脚操控轮椅

收起时的上扬式扶手上扬式扶手

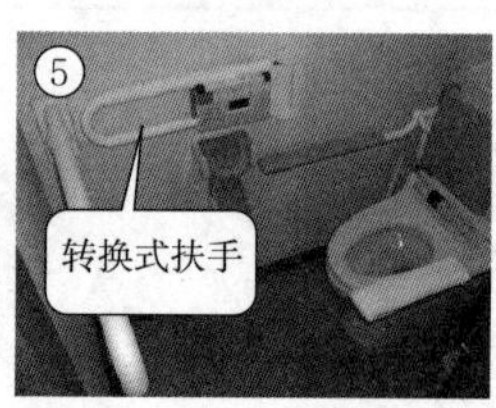

收起时的转动式扶手转换式扶手

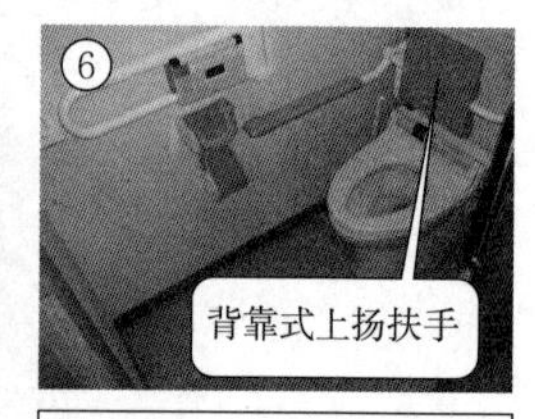

安装在厕所门口一侧的上扬式扶手靠背式上扬扶手

改造后的厕所

◇图 3-31◇

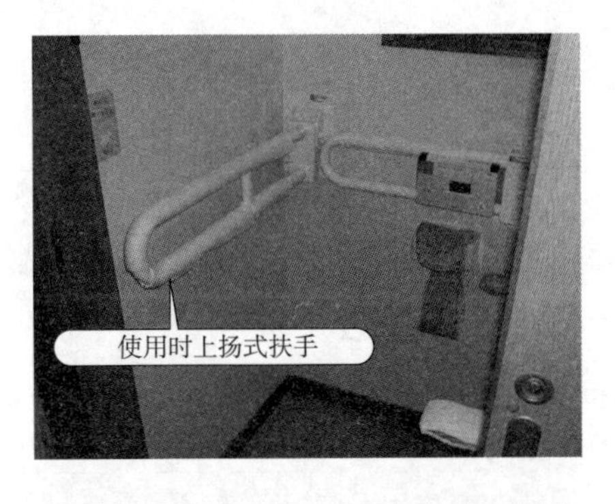

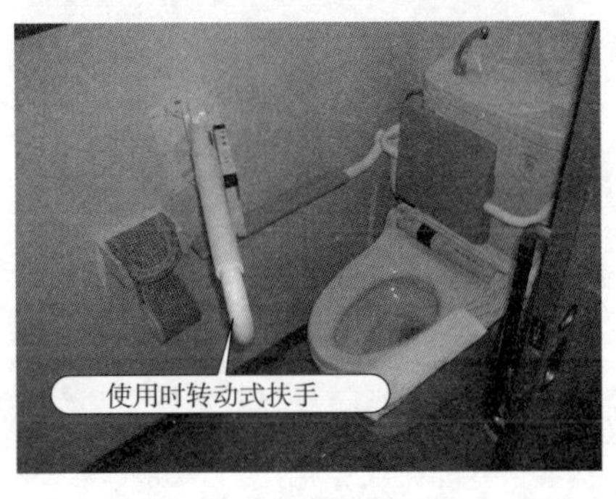

◇ 图 3-32 ◇

总　　评

5：很大改善 4：较大改善 3：轻微改善 2：没有改善 1：效果不好

・浴室门改成三折门后，保证了 900mm 宽的有效开口。便于轮椅或坐浴用轮椅的进出。另外，浴室扩大至一坪，可容纳业主和一名护理员，业主可在护理员的帮助下洗浴。

・拓宽了厕所门和坐便器前的空间后，又安装了上扬式扶手、转动式扶手和靠背式扶手，凭借这三种扶手，业主可以顺利完成排便的连续动作，达到了自理排便的改造效果。

❷ 希望一个适宜独居的居住环境!

案例序号	10	(男)·女	年龄：49 岁	发病时间：1960 年 1 月	痴呆症：有·(无)
疾病：脑麻痹		护理程度：(福利对象以外人员)	需要援助 1 2 / 需要护理 1 2 3 4 5		残疾人手册：1 级 护理人：佣人
家庭构成：(1.)单身　2. 夫妇　3. 其他（0）人　共计（0）人其中 65 岁以上老人（0）人					

运动功能障碍 残障位置用斜线表示	语言障碍（(有)·无）　视力障碍（有·(无)）　听力障碍（有·(无)）　体内障碍（(有)·无）
	移动方式：1. 独立行走　2. 拄拐杖　3. 护理人伴行　4. 挪步　(5.)坐轮椅　6. 全护

日常行为（ADL）	起居动作	用餐动作	更衣动作	排便动作	梳理动作	洗浴动作	评估标准
评估		○					3：自理
	○		○	○	○		2：看护
							1：半护
						○	0：全护

住房形式：(独门独户)·公寓（(产权房)·私租房·公租房）2 层	结构：(木结构) 钢结构 钢筋混凝土	工期：14 天
护理保险住宅修缮费的利用情况　（有·(无)）	住宅修缮费利用额：日元	
身体残障者住宅改造费补贴政策的利用情况　（(有)·无）	公费补助额：500000 日元	

厕所	浴室·盥洗	起居·卧室	玄关·坡道	其他
(1.)安装扶手 2. 安装坐便 3. 调整便器高度 (4.)更换便器 5. 更换门扇 (6.)消除地面高差 (7.)带冲洗功能坐便器	1. 安装扶手 2. 调整浴缸高度 3. 更换浴缸 4. 安装热水淋浴器 5. 更换门扇 6. 消除浴室地面高差 7. 安装入浴助力器	1. 安装扶手 2. 改榻榻米为地板 (3.)更换门扇 4. 消除地面高差 5. 安装护理助力器 6. 7.	1. 安装扶手 2. 设置踏板 3. 铺设坡道 4. 更换地面铺装材料 5. 设置无高差助力器 6. 7.	1. 安装扶手 2. 消除地面高差 3. 铺设坡道 4. 更换地面铺装材料 5. 设置无高差助力器 6. 设置楼梯助力器 7.
费用：546000 日元	费用：日元	费用：52500 日元	费用：日元	费用：日元

福利器具利用情况	■轮椅　■特殊睡床　■扶手　■坡道　■步行器　　费用总计：598500 日元 □助步拐杖　□移动助力器　■便携式便器　■入浴辅助器具　□其他
护理服务介入情况	■上门护理　□上门入浴护理　□上门看护　□上门康复护理　□定期到所护理　□定期到所康复护理 □居家疗养护理指导　□短期居家生活护理　□短期居家疗养护理　□其他

◇ 图 3-33　住宅改造要点 ◇

改造动机

◇ 现状

业主平时一个人生活，靠电动轮椅去厕所。但厕所入口以及坐便器前面的空间狭窄（见图 3-34），不能靠近坐便器。业主希望将厕所改造成坐轮椅能靠近便器的如厕环境。

改造前

◇ 图 3-34 ◇

改造后

◇ 图 3-35 ◇

◇ 目的

方法一：扩建现有厕所；方法二：在一年前已经扩建到一坪大的浴室里，再安装一个西式坐便器。对比这两种方案在工程费用、移动动线以及改造效果，最后还是决定采用费用较低的第二个方案实施改造。

施工要点

· 为了将西式坐便器的高度调整到与电动轮椅座椅相同的高度，要将坐便器埋地 20mm。

· 在坐便器前安装上扬式扶手，业主可以借助扶手靠近坐便器。

总　评

[5]：很大改善 4：较大改善 3：轻微改善 2：没有改善 1：效果不好

· 业主可以坐电动轮椅进入浴室，放下上扬式扶手靠腕部支撑起身体，同时借助扶手将身体移坐到便器上。排便后，再按照相反的动作顺序，收起扶手，乘坐轮椅离开浴室，顺利独立完成这一系列的如厕动作。

3·6　脊椎损伤

❶ 将新购置的两代居的一层进行无障碍改造！

案例序号	11	男·(女)	年龄： 58 岁	发病时间： 1984 年 2 月	痴呆症： 有·(无)

疾病：脊椎损伤	护理程度：(福利对象以外人员)	需要援助 1	需要援助 2	需要护理 1	需要护理 2	需要护理 3	需要护理 4	需要护理 5	残疾人手册： 1 级 护理人：佣人

家庭构成：①单身　2. 夫妇　3. 其他（2）人　共计（3）人其中 65 岁以上老人（0）人

运动功能障碍 残障位置用斜线表示（1　2　3　4）

语言障碍（有·(无)）　视力障碍（有·(无)）　听力障碍（有·(无)）　体内障碍（有·(无)）

移动方式：1. 独立行走　2. 拄拐杖　3. 护理人伴行　4. 挪步　⑤坐轮椅　6. 全护

日常行为（ADL）	起居动作	用餐动作	更衣动作	排便动作	梳理动作	洗浴动作	评估标准
评估	○	○	○	○	○		3：自理
							2：看护
						○	1：半护
							0：全护

住房形式：(独门独户)·公寓（(产权房)·私租房·公租房）3 层	结构：木结构 (钢结构) 钢筋混凝土	工期： 10 天
护理保险住宅修缮费的利用情况　（有·(无)）	住宅修缮费利用额： 日元	
身体残障者住宅改造费补贴政策的利用情况　((有)·无）	公费补助额： 1000000 日元	

厕　所	浴　室·盥　洗	起　居·卧　室	玄　关·坡　道	其　他
①安装扶手 2. 安装坐便 3. 调整便器高度 4. 更换便器 5. 更换门扇 6. 消除地面高差 7. 带冲洗功能坐便器	1. 安装扶手 2. 调整浴缸高度 3. 更换浴缸 4. 安装热水淋浴器 ⑤更换门扇 ⑥消除浴室地面高差 ⑦安装入浴助力器	1. 安装扶手 2. 改装床铺 3. 更换门扇 4. 消除地面高差 ⑤安装护理助力器 ⑥自动开关的拉门 7.	1. 安装扶手 2. 设置踏板 ③铺设坡道 4. 更换地面铺装材料 ⑤设置无高差助力器 6. 7.	1. 安装扶手 2. 消除地面高差 3. 铺设坡道 4. 更换地面铺装材料 5. 设置无高差助力器 ⑥设置楼梯助力器 ⑦设置栅栏
费用：102900 日元	费用： 840000 日元	费用：1627500 日元	费用：1113500 日元	费用：785500 日元

福利器具利用情况	■轮椅　■特殊睡床　□扶手　■坡道　■步行器　费用总计：4470900 日元 ■助步拐杖　■移动助力器　□便携式便器　■入浴辅助器具　■其他
护理服务介入情况	■上门护理　□上门入浴护理　□上门看护　□上门康复护理　□定期到所护理 □定期到所康复护理 □居家疗养护理指导　□短期居家生活护理　□短期居家疗养护理　□其他

◇ 图 3-36　住宅改造要点 ◇

改造动机

◇ 现状

业主因23年前的交通事故导致C 7级脊椎伤残（见图3-42），双下肢完全致残，靠轮椅度日。事故后，购买了一套无障碍公寓，与C 5级伤残（见图3-42）的女儿同住。如今打算把该住房留给独居的女儿，又计划在附近新建一栋3层两代同居的住宅，与长子夫妇同住。新居内，业主住一楼，长子夫妇住二至三层。

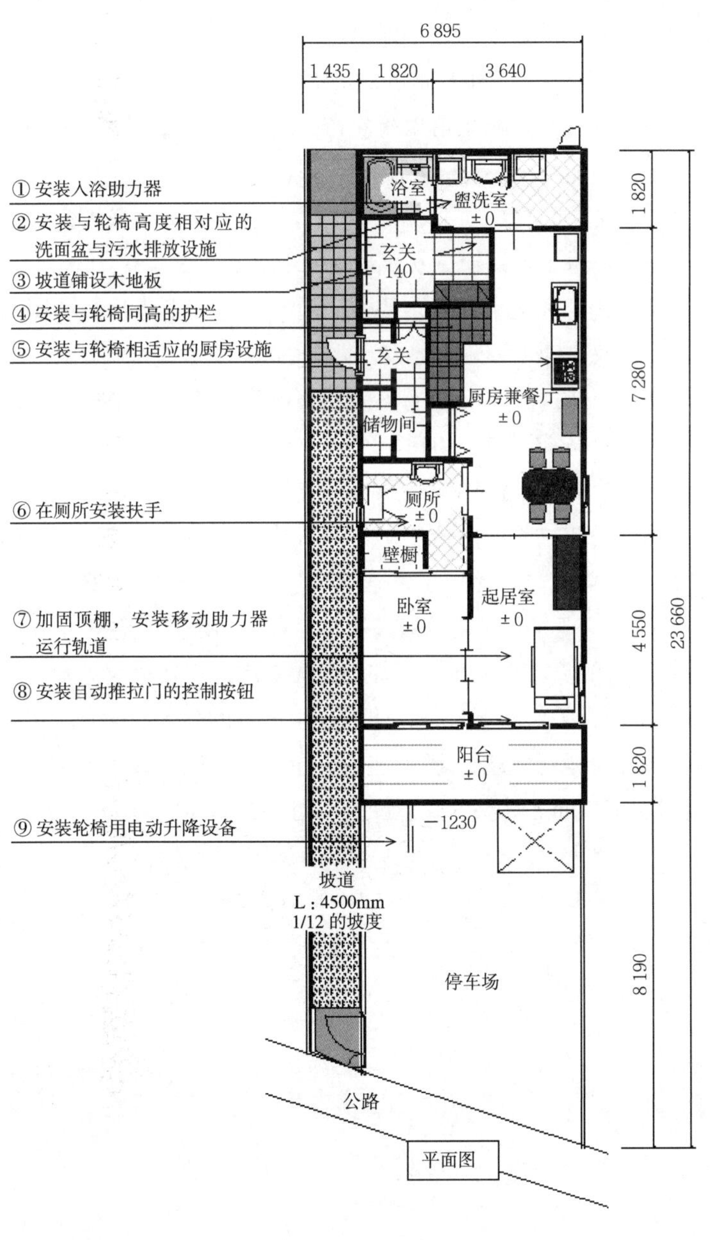

◇ 图3-37 ◇

施工要点

·住宅设计的要点是要熟悉业主居家的生活状况（活动规律）来确定设计方案。在满足设计要求的同时，还要考虑到室内陈设，按照设计高度、宽度空间配置生活用品（见图 3-37）。本案虽然是两代居住宅，但业主本人不想依赖长子夫妇的照顾，想在护理员的帮助下自理生活。希望改造成除洗澡以外，吃饭、洗脸、上厕所、更衣、梳理等起居日常生活都能自理的生活环境（见图 3-38）。

·下面我们分别看一下：

1　入浴：业主因病不能自己洗澡，除了安装洗浴助力器外，还要确保能容纳一名护理员的助浴空间（见图 3-38- ①）。

2　盥洗室：业主可以坐轮椅入内，洗面盆或洗涤池的高度要适中，方便业主坐在轮椅上操作（见图 3-38- ②）。

3　玄关：有一个 140mm 高的门槛，要铺设一条坡度为 1/14 的木地板缓坡道，可供轮椅或升降设施使用（见图 3-38- ③）。

4　厨房和餐桌设计也要便于业主在轮椅上操作，将厨具和餐具摆放在业主伸手可触的地方（见图 3-38- ④·⑤）。

5　厕所内安装有普通坐便器，可将轮椅推到坐便的正面，便于业主以骑马的姿势移动到坐便器上，水箱后面要留出 100mm 的距离，以免轮椅脚轮碰到墙壁。

6　安装扶手的点位要事先确认扶手的高度、间距宽度、粗细、材质和形状，并预留出扶手转动的空间（见图 3-38- ⑥）。

现在，业主从床向轮椅转换时要靠人搀扶。考虑到将来业主病情的发展，应在居室的天花板上预留出移动助力器的运行轨道（见图 3-38- ⑦）。考虑到从卧室到玄关的距离过长，建议利用居室的阳台作为日常进出口，为业主安装可操控的阳台窗扇开关按钮的专用设施，以及设置一部消除从阳台到停车场途中 1230mm 高差的大型设施（见图 3-38- ⑧、⑨）。

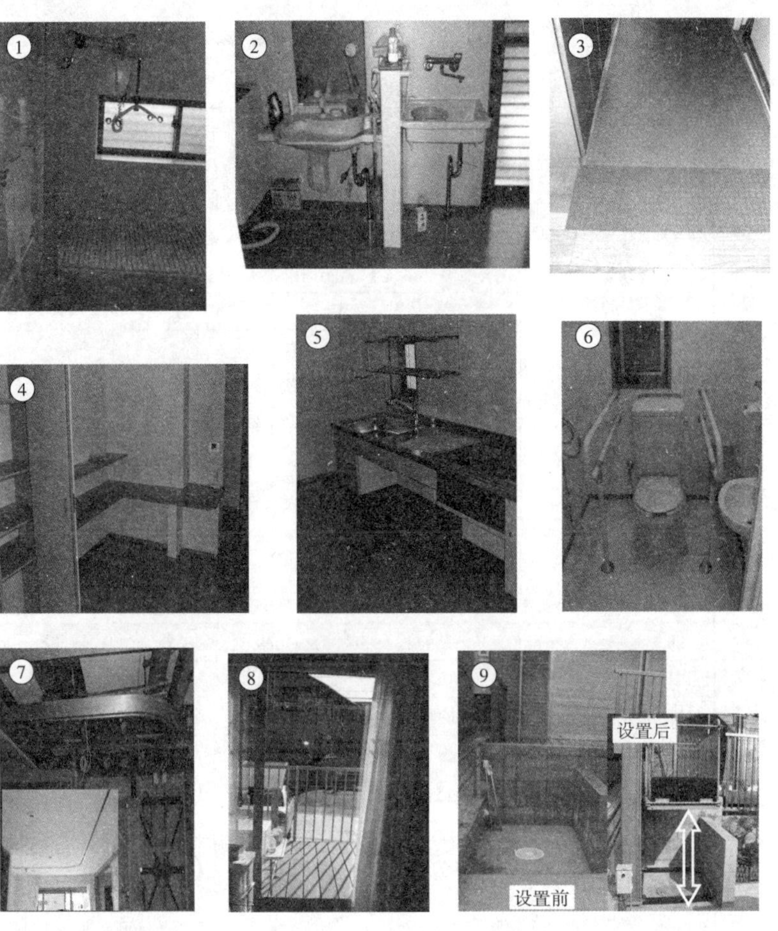

◇图 3-38◇

总　评

5：很大改善 4：较大改善 3：轻微改善 2：没有改善 1：效果不好

一层平面设计主要解决业主依靠轮椅能够自理生活的问题，具体来说，根据业主一天中的生活内容来规划设计每个生活空间的位置和大小，帮助业主完成一天的生活流程。厕所的位置要靠近居室，尽可能缩短室内的行走距离，地面实现无高差，保证轮椅顺畅通行，在没有走廊的空间内设计出理想的居室平面。

❷ 帮助脊椎损伤业主实现自理洗澡!

案例序号	12	男·女	年龄：55 岁	发病时间：2005 年 2 月	痴呆症：有·无
疾病：脊椎损伤	护理程度：福利对象以外人员	需要援助 1 2	需要护理 1 2 3 4 5	残疾人手册：1 级	护理人：妻子
家庭构成：1. 单身 ②夫妇 ③其他（1）人 共计（3）人其中 65 岁以上老人（0）人					
运动功能障碍 残障位置用斜线表示	语言障碍（有·无） 视力障碍（有·无） 听力障碍（有·无） 体内障碍（有·无）				
	移动方式：1. 独立行走 2. 拄拐杖 3. 护理人伴行 ④挪步 ⑤坐轮椅 6. 全护				

日常行为（ADL）	起居动作	用餐动作	更衣动作	排便动作	梳理动作	洗浴动作	评估标准
评估		○			○		3：自理
	○		○	○			2：看护
						○	1：半护
							0：全护

住房形式：独门独户·公寓（产权房·私租房·公租房）2 层	结构：木结构 钢结构 钢筋混凝土	工期：　天
护理保险住宅修缮费的利用情况（有·无）	住宅修缮费利用额：　日元	
身体残障者住宅改造费补贴政策的利用情况（有·无）	公费补助额：238000 日元	

厕所	浴室·盥洗	起居·卧室	玄关·坡道	其他
1. 安装扶手 2. 安装坐便 3. 调整便器高度 4. 更换便器 5. 更换门扇 6. 消除地面高差 7. 带冲洗功能坐便器	1. 安装扶手 2. 调整浴缸高度 3. 更换浴缸 4. 安装热水淋浴器 5. 更换门扇 ⑥消除浴室地面高差 7. 安装入浴助力器	1. 安装扶手 2. 改榻榻米为地板 3. 更换门扇 4. 消除地面高差 5. 安装护理助力器 6. 7.	1. 安装扶手 2. 设置踏板 3. 铺设坡道 4. 更换地面铺装材料 5. 设置无高差助力器 6. 7.	1. 安装扶手 2. 消除地面高差 3. 铺设坡道 4. 更换地面铺装材料 5. 设置无高差助力器 6. 设置楼梯助力器 7.
费用：　日元	费用：236000 日元	费用：　日元	费用：　日元	费用：　日元

福利器具利用情况	■轮椅 ■特殊睡床 □扶手 坡□道 □步行器　费用总计：236000 日元 □助步拐杖 □移动助力器 □便携式便器 □入浴辅助器具 □其他
护理服务介入情况	□上门护理 □上门入浴护理 □上门看护 □上门康复护理 □定期到所护理 □定期到所康复护理 □居家疗养护理指导 □短期居家生活护理 □短期居家疗养护理 □其他

◇ 图 3-39　住宅改造要点 ◇

改造动机

◇ 现状

业主因坠落事故导致 C8 级（见图 3-42）脊椎伤残，室内行走完全依靠轮椅。现有的浴室空间狭窄，不能容纳护理员在内两人的洗浴空间，导致业主洗澡困难。

◇ 目的

要想实现业主自理洗澡的愿望，还要考虑其他两个条件：①该浴室要与家人共用；②改造的费用不能太高。能够满足这两个条件的办法就是在墙上安装一个特制的上扬式不锈钢洗浴台板，家人洗浴时可贴墙收起，不会影响到其他人洗浴了。

施工要点

- 洗浴台板高度应参照业主轮椅 450mm 高的座面尺寸来设定，方便业主在轮椅上洗浴。台板要用橡胶垫包裹，以免划伤臀部。
- 当妻子或女儿洗浴时，可以将洗浴台板折起贴到墙面。

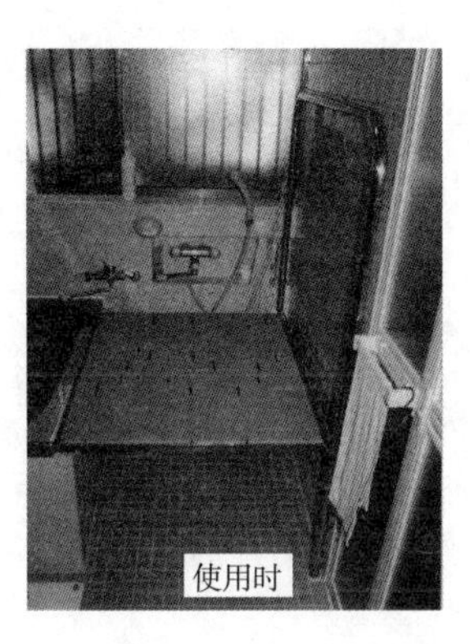

◇ 图 3-40 ◇

总 评

5：很大改善 4：较大改善 3：轻微改善 2：没有改善 1：效果不好

改造前，狭窄的浴室容不下两个人，业主因无人帮助不能自理洗浴；现在业主可以自理洗浴了。由于业主的上肢健全，可以利用轮椅靠近洗浴台，用上肢把双脚抬到洗浴台上。轮椅座椅与洗浴台之间尽量不留间隙，业主可以借助提升助力器从洗浴台进入浴缸，浴后再借助浴缸的浮力在提升助力器的帮助下移回到洗浴台，实现两者之间的转换。

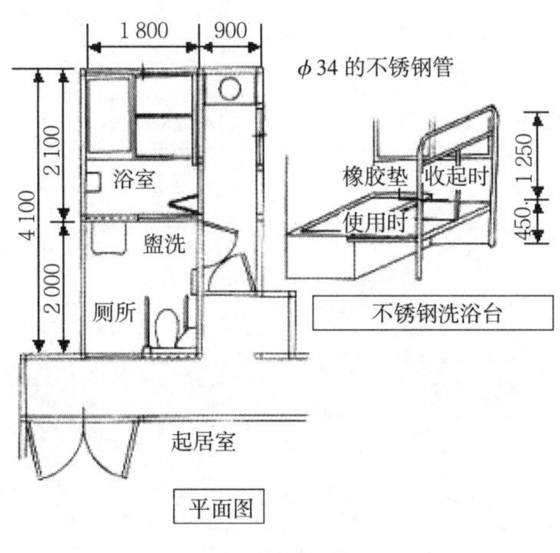

◇ 图 3-41 ◇

3·7　各类疾病案例改造一览表

❶ 各类疾病案例改造一览表

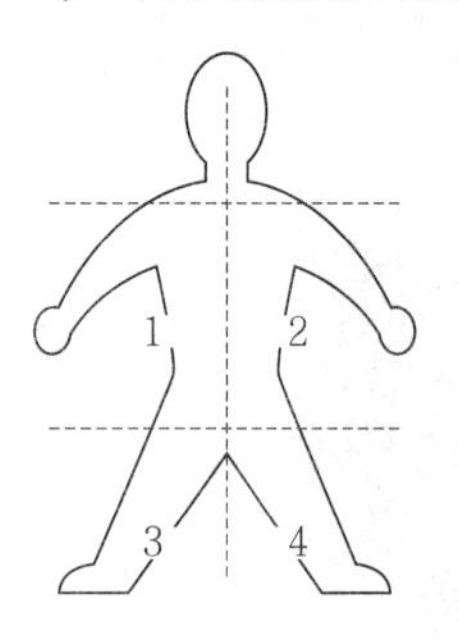

· 残疾人手册（由身体残障人士保存）：0 为无 / 1 为 1 级 / 2 为 2 级 / 3 为 3 级

· 护理程度：0 为无 / 支 1 为 1 级援助 / 支 2 为 2 级援助 / 1 ~ 5 为需要护理 1 ~ 5 级

· 行动障碍部位：左图中的数字表示身体障碍部位。

· 其他障碍：言为语言 / 视为视觉 / 听为听觉 / 内为身体内部

· 移动（移动方式）：1 独立行走 / 2 拄拐杖 / 3 护理人伴行 / 4 挪步行走 / 5 坐轮椅 / 6 全护

疾病类别改造一览表

章节号	序号	性别	年龄	疾病	残疾人手册	护理程度	护理者	行动				损害				移动	
												语言	视觉	听力	体内		
3·1	1	男	69	脑出血	3	支 2	妻子			2	4	无	无	无	无		2
	2	女	67	蛛网膜出血	3	1	丈夫			1	3	有	无	无	无	2	3
3·2	3	女	79	帕金森病	3	支 2	丈夫			3	4	无	无	无	无		2
	4	女	72	帕金森病	1	4	护理员	1	2	3	4	有	无	无	无		3
3·3	5	男	76	风湿性关节炎	2	3	妻子	1	2	3	4	无	无	无	无		5
	6	女	59	风湿性关节炎	3	1	女儿	1	2	3	4	无	无	无	无	1	3
3·4	7	女	45	肌肉萎缩	2	0	妹妹			3	4	有	无	无	无	4	5
	8	女	39	肌肉萎缩	2	0	母亲			3	4	无	无	无	无	4	5
3·5	9	女	43	脑麻痹	1	0	护理员	1	2	3	4	有	无	无	有		5
	10	男	49	脑麻痹	1	0	护理员	1	2	3	4	有	无	无	无		5
3·6	11	女	58	骨椎损伤	1	0	护理员			3	4	无	无	无	无		5
	12	男	55	骨椎损伤	1	0	妻子			3	4	无	无	无	无	4	5

· ADL（日常行为）: 起为起居 / 食为吃饭 / 更为更衣 / 排为排便 / 整为梳洗 / 入为洗浴

3 为自理 / 2 为看护 / 1 为部分护理 / 0 为完全护理

· 住宅修缮费：护理保险住宅修缮费的利用情况。

· 住宅改造费：身体残障者住宅改造费补贴政策的利用情况

· 改 装 地 点：1 为厕所/ 2 为浴室·盥洗室/ 3 为起居·卧室/ 4 为门口·坡道/ 5 为其他

· 综 合 评 估：5：很大改善 / 4：较大改善 / 3：轻微改善 / 2：没有改善 / 1：效果不好

（续前页） 表 3-1

生活行为（ADL）						住宅修缮费	住宅改造费	改修造场所					费用合计	改造动机	总评
起居	饮食	更衣	排便	梳理	入浴										
3	3	3	3	3	2	有	无				4	5	2000000	保障安全	4
3	3	2	3	3	2	有	无			1	2	4	80850	保障安全	4
3	3	3	3	3	2	有	无					5	126000	保障安全	3
2	1	1	2	1	1	有	有				1	2	2042250	厕浴扩建	5
2	3	1	2	1	1	有	有			1	2	3	764900	自理排便	5
3	2	2	3	2	2	有	无			1	2	5	838400	减轻环节负担	4
3	3	1	2	2	1	无	有				1	3	609000	辅助站立	5
3	3	1	2	3	1	无	有					1	756000	自理排便	4
2	3	2	2	3	0	无	有				1	2	2457000	厕浴扩建	5
2	3	2	2	2	0	无	有				1	3	598500	厕浴扩建	5
3	3	3	3	3	1	无	有	1	2	3	4	5	4470900	生活自理	5
2	3	2	2	3	1	无	有					2	236000	洗浴自理	5

❷ 不同疾病案例无障碍改造的数据分析

① 疾病分类统计

笔者分析了在 2009 年实施住宅改造的 106 名业主的信息资料表明，残障疾病中，脑出血、脑梗塞等脑血管障碍者最多（49 人）占 46%，其次是帕金森病（20 人）占 18.9%，风湿关节炎（18 人）占 17%。

② 实施住宅无障碍改造者的年龄统计

实施住宅无障碍改造业主按年龄划分为三个年龄段：脑麻痹患者的平均年龄为 27 岁，偏年轻；脑血管障碍、风湿关节炎患者偏高龄，而脊椎损伤患者的年龄段则不确定。

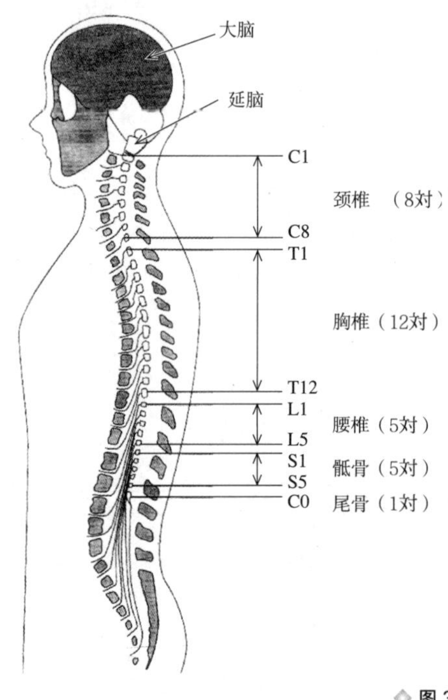

损伤程度	日常生活 ADL	活动
C1 ~ 3	完全靠护理	完全卧床
C4	完全靠护理	完全卧床
C5	基本上靠护理	除手之外均不能动
C6	部分靠护理	身体不便，但手能动
C7	部分靠护理	手基本上能活动
C8 ~ T1	靠轮椅自理	靠轮椅自理
T2 ~ 6	靠轮椅自理	靠轮椅自理
T7 ~ L2	靠轮椅自理	使用爪型拐杖步行
L3 ~ 4	自理	靠拄拐杖步行
L5 ~ S3	自理	可以步行

◇ 图 3-42 ◇

第4章

不同居住空间的无障碍改造案例

4·1　玄关入口

❶ 安装楼梯升降机，保证业主上下楼安全!

案例序号	13	男·女	年龄： 78 岁	发病时间： 1991 年　9 月	痴呆症： 有·无
疾病：帕金森病			护理程度：需要援助 1 2；需要护理 1 2 3 4 5		残疾人手册： 3 级；护理人：丈夫
家庭构成： 1. 单身 2. 夫妇 3. 其他（4）人 共计（6）人其中 65 岁以上老人（2）人					

运动功能障碍
残障位置用斜线表示

语言障碍（有·无）　视力障碍（有·无）　听力障碍（有·无）　体内障碍（有·无）

移动方式：1. 独立行走　2. 拄拐杖　3. 护理人伴行　4. 挪步　5. 坐轮椅　6. 全护

日常行为（ADL）	起居动作	用餐动作	更衣动作	排便动作	梳理动作	洗浴动作	评估标准
评估		○	○				3：自理
	○			○	○		2：看护
						○	1：半护
							0：全护

住房形式：独门独户·公寓（产权房·私租房·公租房）2 层	结构：木结构 钢结构 钢筋混凝土	工期： 7 天
护理保险住宅修缮费的利用情况（有·无）	住宅修缮费利用额： 日元	
身体残障者住宅改造费补贴政策的利用情况（有·无）	公费补助额： 500000 日元	

厕　所	浴室·盥洗	起居·卧室	玄关·坡道	其　他
1. 安装扶手 2. 安装坐便 3. 调整便器高度 4. 更换便器 5. 更换门扇 6. 消除地面高差 7.	1. 安装扶手 2. 调整浴缸高度 3. 更换浴缸 4. 安装热水淋浴器 5. 更换门扇 6. 消除浴室地面高差 7. 安装入浴助力器械	1. 安装扶手 2. 改榻榻米为地板 3. 更换门扇 4. 消除地面高差 5. 安装护理升降助器械 6. 7.	1. 从门口到楼梯、玄关入口的玄关坡道楼梯的顶部和侧面，用丙烯板覆盖遮挡 2. 设置楼梯助力器械	1. 安装扶手 2. 消除地面高差 3. 铺设坡道 4. 更换地面铺装材料 5. 设置无高差助力器械 6. 设置楼梯助力器械 7.
费用： 日元	费用： 日元	费用： 日元	费用：2266200 日元	费用： 日元

福利器具利用情况	■轮椅 ■特殊睡床 ■扶手 □坡道 □步行器　费用总计：2266200 日元 ■助步拐杖 □移动助力器械 □便携式便器 ■入浴辅助器具 □其他
护理服务介入情况	■上门护理 □上门入浴护理 □上门看护 □上门康复护理 ■定期到所护理 □定期到所康复护理 □居家疗养护理指导 □短期居家生活护理 □短期居家疗养护理 □其他

◇ 图 4-1　住宅改造要点 ◇

改造动机

◇ 现状

玄关前有一处 1.7m 高差的台阶，台阶有单侧扶栏，业主身患帕金森病，随着逐年衰老，腰腿开始老化。面对经常去医院做日间护理，独立上下楼就变得困难。

◇ 目的

已经 83 岁高龄的丈夫作为护理人每天要抱着妻子上下楼梯。为减轻丈夫的护理负担，希望安装楼梯升降机（见图 4- 2）。

◇ 图 4-2 ◇

施工要点

- 当初也考虑过安装室外楼梯升降机的防雨办法，但为了让业主和护理员在下雨天都不淋雨，采用丙烯板从屋顶覆盖到两侧，与安装室外升降机相比，决定安装价格相对便宜的室内垂直楼梯升降机。
- 采用青铜色丙烯板做遮雨板，致使室外楼梯内白天光线较暗，安装防雨、防潮人体感应照明灯以后，可自动控制开关。

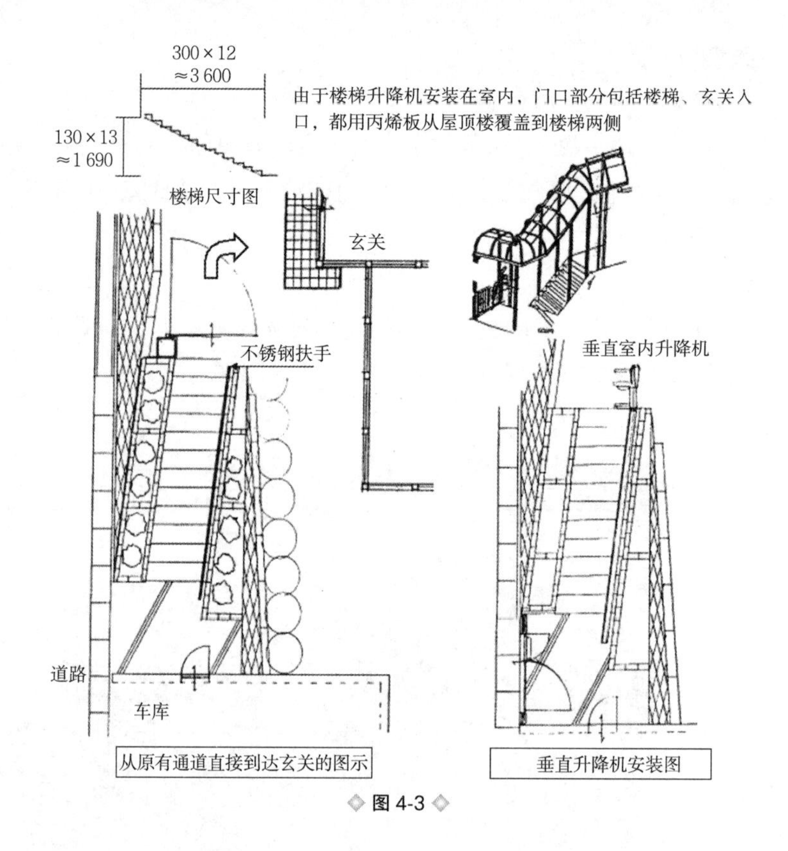

◇图 4-3◇

总　评

5：很大改善 4：较大改善 3：轻微改善 2：没有改善 1：效果不好

· 业主每周做两次日间护理、一次去医院，平时经常散步或外出，至今每逢外出都要靠丈夫抱着上下楼梯，因此使其在精神和体力上造成很大的负担。安装了垂直升降机后，不仅减轻了丈夫的护理负担，而且也大大降低了业主摔倒、跌落的隐患。

· 由于业主经常外出，遇到雨季，就可以从玄关通过整体雨篷的连续通道直接出门，既不用打伞，也不需要任何防雨装备。这种防雨对策有效减轻了家人的护理负担。

*参考案例

图 4-4 与 13 号案例相同，在玄关入口的台阶处设置旋转型楼梯升降机，并采取用丙烯板覆盖顶部及两侧的防雨措施。

虽然安装旋转型楼梯升降机也相当于室内升降机，费用约在 140 万日元。加上覆盖丙烯板的防雨工程，总共约合 190 万日元，比垂直型升降机的费用要高。

楼梯升降机可分为室内垂直型（见图 4-2、图 4-3），室内旋转型（见图 4-4、图 4-5）和特殊天气使用的室外垂直型，室外旋转型四大类。

◇ 图 4-4 ◇

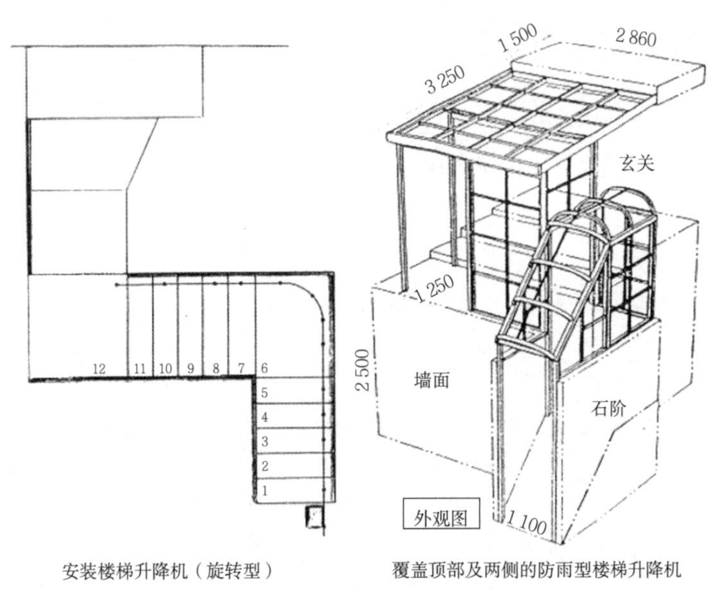

安装楼梯升降机（旋转型）　　覆盖顶部及两侧的防雨型楼梯升降机

◇ 图 4-5 ◇

❷ 安装大型楼梯升降机，方便业主乘坐轮椅外出！

案例序号	14	(男)·女	年龄：80 岁	发病时间：1997 年 2 月	痴呆症：有·(无)
疾病：脑梗塞·糖尿病	护理程度：需要援助 1 2；需要护理 1 2 3 ④ 5			残疾人手册：1 级	护理人：妻子
家庭构成：1. 单身 ②夫妇 3. 其他（ ）人 共计（2）人其中 65 岁以上老人（2）人					

运动功能障碍 残障位置用斜线表示	语言障碍((有)·无) 视力障碍(有·(无)) 听力障碍(有·(无)) 体内障碍((有)·无)
1 2 3 4	移动方式：1. 独立行走 2. 拄拐杖 ③护理人伴行 4. 挪步 ⑤坐轮椅 6. 全护

日常行为（ADL）	起居动作	用餐动作	更衣动作	排便动作	梳理动作	洗浴动作	评估标准
评估							3：自理
	○	○					2：看护
			○	○	○	○	1：半护
							0：全护

住房形式：(独门独户)·公寓((产权房)·私租房·公租房) 2 层	结构：(木结构) 钢结构 钢筋混凝土	工期：10 天
护理保险住宅修缮费的利用情况 ((有)·无)	住宅修缮费利用额：200000 日元	
身体残障者住宅改造费补贴政策的利用情况 ((有)·无)	公费补助额：500000 日元	

厕所	浴室·盥洗	起居·卧室	玄关·坡道	其他
1. 安装扶手 2. 安装坐便 3. 调整便器高度 4. 更换便器 5. 更换门扇 6. 消除地面高差 7.	1. 安装扶手 2. 调整浴缸高度 3. 更换浴缸 4. 安装热水淋浴器 5. 更换门扇 6. 消除浴室地面高差 7. 安装入浴助力器械	1. 安装扶手 2. 改榻榻米为地板 3. 更换门扇 4. 消除地面高差 5. 安装护理升降机 6. 7.	1. 安装扶手 2. 设置踏板 ③铺设坡道 ④设置无高差助力器械。140 万（附属工程）挖升降机竖井、安装电动栅栏门等工程	①安装阳台及屋顶坡道工程
费用：　日元	费用：　日元	费用：　日元	费用：2688060 日元	费用：350440 日元

福利器具利用情况	■轮椅 ■特殊睡床 ■扶手 □坡道 □步行器	费用总计：3038500 日元
	□助步拐杖 □移动助力器械 ■便携式便器 ■入浴辅助器具 □其他	
护理服务介入情况	□上门护理 □上门入浴护理 ■上门看护 □上门康复护理 ■定期到所护理 □定期到所康复护理	
	□居家疗养护理指导 □短期居家生活护理 □短期居家疗养护理 □其他	

◇ 图 4-6　住宅改造要点 ◇

改造动机

◇ 现状

玄关前面有一个 2m 高的楼梯，业主乘轮椅外出非常不便。而且，负责陪护的妻子也是 77 岁的老人了。

◇ 目的

经过研究，减轻护理负担的方法就是安装自动楼梯升降机。对于 2m 的高差，没有选择市场出售的升降机，而是专门订制了升降机（见图 4-7）。

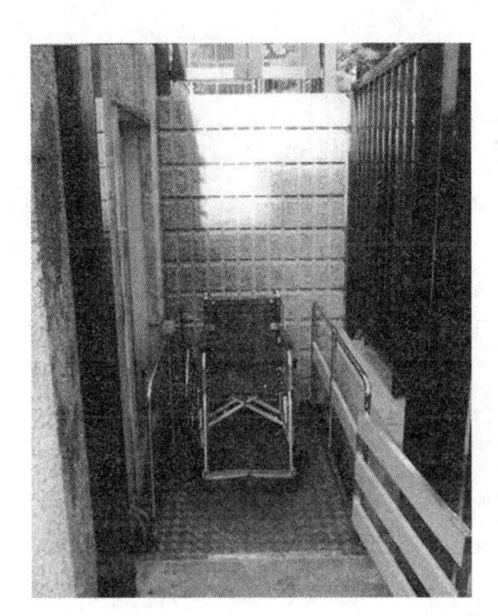

◇ 图 4-7 ◇

实施要点

- 针对 2m 的落差，采取了诸如将升降速度设为缓速；在电动格栅门上安装安全装置；当上下门尚未完全闭合，或者乘坐人还没准备好时，升降机就不启动等系统安全措施。
- 由于落差过大，除了身边的开关，还在安装升降机的地方设置升降呼叫开关，假如，升降机正在下行的时候，上面叫梯，升降机也能快速返回。
- 升降机下降时，挖一条与出入口通道连通的泄水沟，同时做好排水施工，避免下雨积水。
- 由于升降机靠近交通干道，要在门上加锁，防止外人进入。

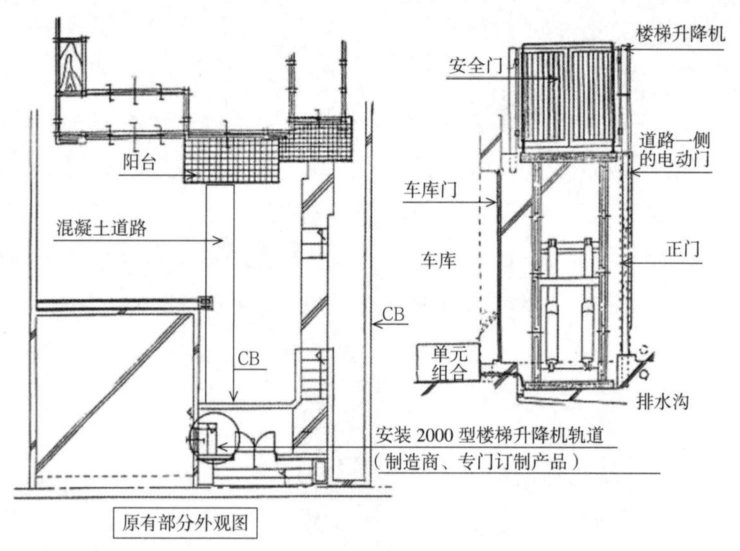

◇ 图 4-8 ◇

总　评

5：很大的改善 4：较大的改善 3：轻微的改善 2：没有改善 1：效果不好

· 安装升降机前，从通道到大门，从大门到玄关，沿途有几处台阶（见图 4-9），非常不利于乘坐轮椅进出。改造后，安装了 2000 型升降机轨道，铺一条混凝土道路一直通到居室南侧的阳台，保证了业主从飘窗出来乘坐轮椅沿连续动线顺利出行，从而减轻了妻子的负担。

· 对于 2m 高的落差，业主感到十分恐惧，将升降速度放缓，在电动门、大门上安装止回阀，可以减轻业主的精神负担。

◇ 图 4-9 ◇

＊参考案例

图 4-10 显示的是在玄关坡道安装了对应 1.5m 高差的轮椅用楼梯升降机（市场销售型）。要想利用台阶右边的绿化空间作为升降机的设置场所，就得在从玄关门廊到安装升降机的地方开设一条轮椅专用通道。与前面案例 14 升降机的不同之处在于，升降机下降时利用其 70mm 厚的底板与地面高差的衔接，业主就可以乘坐轮椅外出，不必再特意挖设备槽了。

◇ 图 4-10 ◇

4·2　玄关

❶ 安装扶手，设置踏板，保证业主安全、放心外出！

案例序号	15	男·女	年龄： 59 岁	发病时间： 2006 年 6 月	痴呆症： 有·无

疾病：由脑出血引发的左半身麻痹	护理程度：	需要援助		需要护理					残疾人手册： 级
		1	2	1	2	3	4	5	护理人：自立

家庭构成： 1. 单身 2. 夫妇 3. 其他（1）人 共计（3）人其中 65 岁以上老人（1）人

运动功能障碍 残障位置用斜线表示	语言障碍(有·无) 视力障碍(有·无) 听力障碍(有·无) 体内障碍(有·无)						
	移动方式：1. 独立行走 2. 拄拐杖 3. 护理人伴行 4. 挪步 5. 坐轮椅 6. 全护						
1 2 3 4	日常行为（ADL）	起居动作	用餐动作	更衣动作	排便动作	梳理动作	洗浴动作	评估标准
	评估	○	○	○	○	○	○	3：自理
								2：看护
								1：半护
								0：全护

住房形式：独门独户·公寓（产权房·私租房·公租房）2 层	结构：木结构 钢结构 钢筋混凝土	工期：半天
护理保险住宅修缮费的利用情况 （有·无）	住宅修缮费利用额：127050 日元	
身体残障者住宅改造费补贴政策的利用情况 （有·无）	公费补助额： 日元	

厕所	浴室·盥洗	起居·卧室	玄关·坡道	其他
1. 安装扶手 2. 安装坐便 3. 调整便器高度 4. 更换便器 5. 更换门扇 6. 消除地面高差 7.	1. 安装扶手 2. 调整浴缸高度 3. 更换浴缸 4. 安装热水淋浴器 5. 更换门扇 6. 消除浴室地面高差 7. 安装入浴助力器械	1. 安装扶手 2. 改榻榻米为地板 3. 更换门扇 4. 消除地面高差 5. 安装护理助力器械 6. 7.	1. 安装扶手 2. 设置踏板 3. 铺设坡道 4. 更换地面铺装材料 5. 设置无高差助力器械 6. 7.	1. 安装扶手 2. 消除地面高差 3. 铺设坡道 4. 更换地面铺装材料 5. 设置无高差助力器械 6. 设置楼梯助力器械 7.
费用：18900 日元	费用：53550 日元	费用： 日元	费用：42000 日元	费用：126000 日元

福利器具利用情况	□轮椅 □特殊睡床 ■扶手 □坡道 □步行器　费用总计：127050 日元 ■助步拐杖 □移动助力器械 □便携式便器 ■入浴辅助器具 □其他
护理服务介入情况	■上门护理 □上门入浴护理 □上门看护 □上门康复护理 ■定期到所护理 □定期到所康复护理 □居家疗养护理指导 □短期居家生活护理 □短期居家疗养护理 □其他

◇ 图 4-11　住宅改造要点 ◇

改造动机

◇ 现状

业主因患脑血管后遗症，导致左半身麻痹，但日常生活基本都能自理。不过，玄关入口有一个高台，业主担心体力不支时会有跌倒的危险。

◇ 目的

为使业主能够安全、安心地生活，改造的重点是在玄关入口的高台处安装扶手，设置一个垫板。

◇ 图 4-12 ◇

施工要点

- 在 750mm 高的位置安装 ϕ32 的木制扶手。其高度通常都是参照业主的身高设定在 750 ~ 800mm 的范围。踏板或辅助台阶的高度，要以踏步的实测高度为准（图 4-12- ②）。
- 踏板高度要取玄关入口高台的一半 110mm，踏步面宽 400mm 以上为好。也可购置市场上出售的尺寸在 350mm × 500mm 的成品。

总　评

5：很大的改善 4：较大的改善 3：轻微的改善 2：没有改善 1：效果不好

这是一个典型的希望能进出方便的住宅玄关改造工程。目前业主的身体状态尚可跨越一般的台阶。因此，改造的重点是保障安全。

❷ 到达玄关的动线过长
……在阳台修建坡道，新建一个专用玄关!

案例序号	16	(男)·女	年龄：66 岁	发病时间：2007 年 9 月	痴呆症：有·(无)
疾病：脊髓损伤		护理程度：	需要援助 1 2；需要护理 1 2 3 ④ 5		残疾人手册：2 级；护理人：妻子
家庭构成： 1. 单身 ②夫妇 ③其他（1）人 共计（3）人其中 65 岁以上老人（1）人					

运动功能障碍 残障位置用斜线表示	语言障碍(有·(无)) 视力障碍(有·(无)) 听力障碍(有·(无)) 体内障碍(有·(无))
	移动方式：1. 独立行走 2. 拄拐杖 3. 护理人伴行 4. 挪步 ⑤坐轮椅 6. 全护

日常行为（ADL）	起居动作	用餐动作	更衣动作	排便动作	梳理动作	洗浴动作	评估标准
评估		○					3：自理
	○		○	○	○		2：看护
						○	1：半护
							0：全护

住房形式：(独门独户)·公寓（(产权房)·私租房·公租房）2 层	结构：(木结构) 钢结构 钢筋混凝土	工期：3 天
护理保险住宅修缮费的利用情况（(有)·无）	住宅修缮费利用额：200000 日元	
身体残障者住宅改造费补贴政策的利用情况（有·(无)）	公费补助额：日元	

厕所	浴室·盥洗	起居·卧室	门口·坡道	其他
1. 安装扶手 2. 安装坐便 3. 调整便器高度 4. 更换便器 5. 更换门扇 6. 消除地面高差 7.	1. 安装扶手 2. 调整浴缸高度 3. 更换浴缸 4. 安装热水淋浴器 5. 更换门扇 6. 消除浴室地面高差 7. 安装入浴辅助器具	1. 安装扶手 2. 改榻榻米为地板 3. 更换门扇 4. 消除地面高差 5. 安装护理助力器械 6. 7.	1. 安装扶手 2. 设置踏板 ③铺设坡道 4. 更换地面铺装材料 5. 设置无高差助力器械 6. 7.	1. 安装扶手 2. 消除地面高差 3. 铺设坡道 4. 更换地面铺装材料 5. 设置无高差助力器械 6. 设置楼梯助力器械 7.
费用：日元	费用：日元	费用：日元	费用：315000 日元	费用：日元

福利器具利用情况	■轮椅 ■特殊睡床 □扶手 □坡道 □步行器	费用总计：315000 日元
	■助步拐杖 □移动助力器械 □便携式便器 ■入浴辅助器具 □其他	
护理服务介入情况	■上门护理 □上门入浴护理 □上门看护 □上门康复护理 ■定期到所护理 □定期到所康复护理	
	□居家疗养护理指导 □短期居家生活护理 □短期居家疗养护理 □其他	

◈ 图 4-13　住宅改造要点 ◈

改造动机

◇ 现状

业主平时生活在南侧卧室，室内有床，平时靠轮椅在室内移动。但从玄关外出动线距离过长，而且玄关入口还有一处高台阶，给业主独立出行带来不便。

◇ 目的

将卧室南侧阳台的地面改铺木地板（图 4-14），并设置一条坡道，可供轮椅进出。

施工要点

· 防腐木坡道，坡度约为 1 / 9，上部应设置一个 1000mm × 900mm 的休息平台，要在有限的空间内，确保内部尺寸达到 1000mm（图 4-15）。

改造前

◇ 图 4-14 ◇

总　　评

5：很大的改善 4（选中）：较大的改善 3：轻微的改善 2：没有改善 1：环境恶化

· 总体上讲经过改造，业主可以操作轮椅独立外出了。如果休息平台的空间再大些，坡道的幅度再宽些、坡度再缓些，改造的效果就更加理想了。

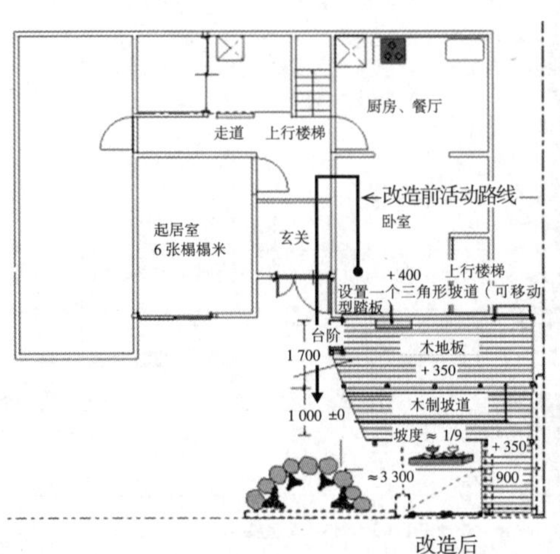

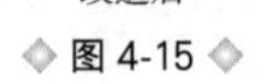

改造后

◇ 图 4-15 ◇

4·3　走廊

❶ 在卧室到玄关的走廊，安装连续扶手!

案例序号	17	男·女	年龄：69 岁	发病时间：1999 年 10 月	痴呆症：有·无
疾病：糖尿病性神经障碍		护理程度：需要援助 1 ② 需要护理 1 2 3 4 5			残疾人手册：级 护理人：丈夫
家庭构成：1. 单身 2.夫妇 3.其他（2）人 共计（4）人其中 65 岁以上老人（2）人					

运动功能障碍 残障位置用斜线表示	语言障碍（有·无） 视力障碍（有·无） 听力障碍（有·无） 体内障碍（有·无）
1 2 3 4	移动方式：1. 独立行走 2.拄拐杖 3. 护理人伴行 4. 挪步 5. 坐轮椅 6. 全护

日常行为（ADL）	起居动作	用餐动作	更衣动作	排便动作	梳理动作	洗浴动作	评估标准
评估	○	○		○	○		3：自理
			○			○	2：看护
							1：半护
							0：全护

住房形式：独门独户·公寓（产权房·私租房·公租房）2 层	结构：木结构 钢结构 钢筋混凝土	工期：1 天
护理保险住宅修缮费的利用情况（有·无）	住宅修缮费利用额：148050 日元	
身体残障者住宅改造费补贴政策的利用情况（有·无）	公费补助额：　日元	

厕　所	浴室·盥洗	起居·卧室	门口·坡道	其　他
1. 安装扶手 2. 安装坐便 3. 调整便器高度 4. 更换便器 5. 更换门扇 6. 消除地面高差 7.	1. 安装扶手 2. 调整浴缸高度 3. 更换浴缸 4. 安装热水淋浴器 5. 更换门扇 6. 消除浴室地面高差 7. 装入浴助力器械	1. 安装扶手 2. 改榻榻米为地板 3. 更换门扇 4. 消除地面高差 5. 安装护理助力 6. 7.	1.安装扶手 2. 设置踏板 3.铺设坡道 4. 更换地面铺装材料 5. 设置无高差助力器械 6. 7.	1.安装扶手 2. 消除地面高差 3. 铺设坡道 4. 更换地面铺装材料 5. 设置无高差助力器械 6. 设置楼梯助力器械 7.
费用：　日元	费用：　日元	费用：　日元	费用：27300 日元	费用：120750 日元

福利器具利用情况	□轮椅 □特殊睡床 ■扶手 □坡道 □步行器　费用总计：148050 日元 ■助步拐杖 □移动助力器械 □便携式便器 ■入浴辅助器具 □其他
护理服务介入情况	■上门护理 □上门入浴护理 □上门看护 □上门康复护理 ■定期到所护理 □定期到所康复护理 □居家疗养护理指导 □短期居家生活护理 □短期居家疗养护理 □其他

◇ 图 4-16　住宅改造要点 ◇

改造动机

◇ 现状

业主是一名糖尿病业主，10 年来空腹血糖一直在 200mg/dl 以上。最近，又发展到末梢神经障碍，手脚麻木，步行开始困难。

◇ 目的

改造将沿着业主日常起居的卧室到厕所的室内动线以及到达玄关的外出动线，安装一条连续的扶手，形成可以使业主既安全又能独立行走的居住环境。另外，在这条动线中有一个壁橱（见图 4-17），因此如何使连续扶手不影响到壁橱的使用就成为整改的一个难题。另外，住宅内的厕所和浴室都已经在护理保险制度实施之前自费安装了扶手。

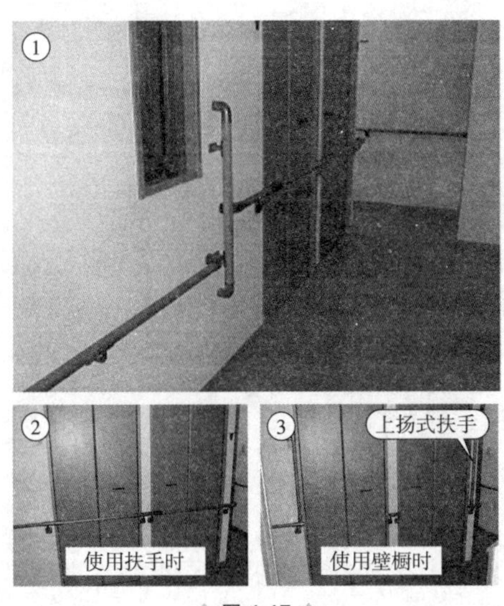

◇ 图 4-17 ◇

施工要点

- 沿途有 2 个壁橱，曾经想在墙间柱的地方安装竖向扶手，但与横向扶手的间隔距离达 800mm，容易给业主生活带来不便，因此决定在 2 个壁橱前安装上扬式扶手，使用壁橱时，扶手向上扬起，平时就形成连续的扶栏，方便业主使用（见图 4-17 ②、③）。

总　评

5：很大的改善 4：较大的改善 3：轻微的改善 2：没有改善 1：效果不好

- 沿卧室到玄关的外出动线安装连续扶手，使业主能够独立外出，增加了业主的外出概率。
- 当往壁橱里存取吸尘器等清洁用具时，在上扬式扶手的前端装有托架，轻轻一按开关，扶手上扬，即可打开壁橱门，操作十分简便。

❷ 业主靠轮椅度日，为减轻妻子的负担，在狭窄的走廊安装扶手！

案例序号	18	男·(女)	年龄：78 岁	发病时间：2006 年　6 月	痴呆症：有·(无)

疾病：由脑梗塞引发的右半身麻痹	护理程度：	需要援助		需要护理					残疾人手册：2 级
		①	2	1	2	3	4	5	护理人：女儿

家庭构成：　1. 单身　②夫妇　③其他（1）人　共计（3）人其中 65 岁以上老人（2）人

运动功能障碍 残障位置用斜线表示	语言障碍（有·(无)）　视力障碍（有·(无)）　听力障碍（有·(无)）　体内障碍（(有)·无）
	移动方式：①独立行走　②拄拐杖　3. 护理人伴行　4. 挪步　5. 坐轮椅　6. 全护

日常行为（ADL）	起居动作	用餐动作	更衣动作	排便动作	梳理动作	洗浴动作	评估标准
评估	○	○	○	○	○		3：自理
						○	2：看护
							1：半护
							0：全护

住房形式：(独门独户)·公寓（(产权房)·私租房·公租房）2 层	结构：(木结构) 钢结构　钢筋混凝土	工期：半天
护理保险住宅修缮费的利用情况　((有)·无)	住宅修缮费利用额：73500 日元	
身体残障者住宅改造费补贴政策的利用情况　(有·(无))	公费补助额：　日元	

厕　所	浴室·盥洗	起居·卧室	门口·坡道	其　他
1. 安装扶手 2. 安装坐便 3. 调整便器高度 4. 更换便器 5. 更换门扇 6. 消除地面高差 7.	1. 安装扶手 2. 调整浴缸高度 3. 更换浴缸 4. 安装热水淋浴器 5. 更换门扇 6. 消除浴室地面高差 7. 安装入浴助力器械	1. 安装扶手 2. 改榻榻米为地板 3. 更换门扇 4. 消除地面高差 5. 安装护理助力器械 6. 7.	1. 安装扶手 2. 设置踏板 3. 铺设坡道 4. 更换地面铺装材料 5. 设置无高差助力器械 6. 7.	①安装扶手 2. 消除地面高差 3. 铺设坡道 4. 更换地面铺装材料 5. 设置无高差助力器械 6. 设置楼梯助力器械 7.
费用：　日元	费用：　日元	费用：　日元	费用：　日元	费用：73500 日元

福利器具利用情况	□轮椅　□特殊睡床　□扶手　□坡道　□步行器　　费用总计：73500 日元 ■助步拐杖　□移动助力器械　□便携式便器　■入浴辅助器具　□其他
护理服务介入情况	□上门护理　□上门入浴护理　□上门看护　□上门康复护理　■定期到所护理　□定期到所康复护理 □居家疗养护理指导　□短期居家生活护理　□短期居家疗养护理　□其他

◇ 图 4-18　住宅改造要点 ◇

改造动机

◇ 现状

数年前，丈夫因病坐上轮椅，自己可以靠轮椅在室内活动。一年前，妻子突发轻微脑梗塞，留下右半身麻痹的后遗症。由于行走有些困难，需要在走廊上安装扶手。除走廊之外，以前曾为丈夫在厕所、浴室等处安装的扶手高度能否适用于妻子，如何在不拆除以前原有扶手的情况下，使之成为方便夫妻共同使用的环境，这将成为今后住宅改造的研究课题。

◇ 目的

利用护理保险住宅改造经费为妻子在走廊安装扶手，同时，又不能妨碍丈夫乘坐的轮椅通行。

◇ 图 4-19 ◇

施工要点

· 走廊的有效宽度只有 780mm，如果按照 750 ～ 800mm 的标准高度安装扶手，丈夫坐轮椅通过时肘部就会碰到墙壁。鉴于妻子所患轻微半身麻痹症，稍微提高一下扶手的安装位置也无大碍，因此决定将横向扶手上端的位置定在 900mm，纵向扶手下端的位置定在 900mm。

总　评

5：很大的改善 4：较大的改善 3：轻微的改善 2：没有改善 1：效果不好

如何确定扶手的高度，重要的是要综合考虑业主患病程度、症状、障碍部位、身体特征等情况，就像本案例，夫妇二人虽然都有身体障碍，但尚存的活动能力、移动方式又有所不同，这给改造工程带来困难。今后还要根据夫妇二人的病症发展程度和使用频率决定优先顺序，研究探索是否还有更利于老年夫妇日常生活的好办法。

4·4　楼梯

❶ 为使业主安全、放心上下楼梯，在楼梯上安装连续扶手!

案例序号	19	男·女	年龄： 70 岁	发病时间： 2006 年 6 月	痴呆症： 有·无
疾病：由脑出血引发的右半身麻痹		护理程度：	需要援助 1 2；需要护理 1 2 3 4 5		残疾人手册： 级；护理人：妻子
家庭构成： 1. 单身 2.夫妇 3.其他（2）人 共计（4）人其中 65 岁以上老人（1）人					

运动功能障碍 残障位置用斜线表示	语言障碍(有·无) 视力障碍(有·无) 听力障碍(有·无) 体内障碍(有·无)
1 2 3 4	移动方式：1. 独立行走 2.拄拐杖 3.护理人伴行 4. 挪步 5. 坐轮椅 6. 全护

日常行为（ADL）	起居动作	用餐动作	更衣动作	排便动作	梳理动作	洗浴动作	评估标准
评估	○	○	○		○		3：自理
				○			2：看护
						○	1：半护
							0：全护

住房形式：独门独户·公寓（产权房·私租房·公租房）2 层	结构：木结构 钢结构 钢筋混凝土	工期：1 天
护理保险住宅修缮费的利用情况 （有·无）	住宅修缮费利用额： 115500 日元	
身体残障者住宅改造费补贴政策的利用情况 （有·无）	公费补助额： 日元	

厕所	浴室·盥洗	起居·卧室	门口·坡道	其他
1. 安装扶手 2. 安装坐便 3. 调整便器高度 4. 更换便器 5. 更换门扇 6. 消除地面高差 7.	1. 安装扶手 2. 调整浴缸高度 3. 更换浴缸 4. 安装热水淋浴器 5. 更换门扇 6. 消除浴室地面高差 7. 安装入浴助力器械	1. 安装扶手 2. 改榻榻米为地板 3. 更换门扇 4. 消除地面高差 5. 安装护理助力器械 6. 7.	1. 安装扶手 2. 设置踏板 3. 铺设坡道 4. 更换地面铺装材料 5. 设置无高差助力器械 6. 7.	1.安装扶手 2. 消除地面高差 3. 铺设坡道 4. 更换地面铺装材料 5. 设置无高差助力器械 6. 设置楼梯助力器械 7.
费用： 日元	费用： 日元	费用： 日元	费用： 日元	费用：115500 日元

福利器具利用情况	□轮椅 ■特殊睡床 ■扶手 □坡道 □步行器　费用总计：115500 日元 ■助步拐杖 □移动助力器械 □便携式便器 ■入浴辅助器具 □其他
护理服务介入情况	■上门护理 □上门入浴护理 □上门看护 □上门康复护理 ■定期到所护理 □定期到所康复护理 □居家疗养护理指导 □短期居家生活护理 □短期居家疗养护理 □其他

◇ 图 4-20　住宅改造要点 ◇

改造动机

◇ 现状

业主因脑血管障碍，右半身麻痹，上下楼梯困难。因书房在二楼，每天数次上下楼梯，工作起来很不方便。

◇ 目的

为保证上下楼安全，决定沿楼梯安装连续扶手。

◇ 图 4-21 ◇

施工要点

- 最理想的是沿楼梯两侧安装扶手。但现实中受楼梯宽度和费用所限，大部分会只能安装一侧扶手。本案考虑到业主右半身麻痹，下楼时危险较大，主要靠健全一侧的肢体来支撑，所以选择安装在下楼时的左侧（见图 4-21）。
- 因安装扶手的位置没有加固条件，安装扶手时连同固定设施一起完成，以保证扶手牢固安全。

总　评

5：很大改善 4：较大改善 3：轻微改善 2：没有改善 1：效果不好

上楼时全靠健全的左手支撑，略费些时间；而下楼，则会更方便一些。

❷ 安装楼梯升降机，便于业主安全上下楼梯！

<table>
<tr><td>案例序号</td><td>20</td><td>男·(女)</td><td colspan="2">年龄：　82 岁</td><td colspan="5">发病时间：　2006 年　6 月</td><td>痴呆症：　(有)·无</td></tr>
<tr><td colspan="2" rowspan="2">疾病：骨质疏松·脊椎压迫性骨折</td><td rowspan="2">护理程度：</td><td colspan="2">需要援助</td><td colspan="5">需要护理</td><td>残疾人手册：3 级</td></tr>
<tr><td>1</td><td>2</td><td>1</td><td>2</td><td>(3)</td><td>4</td><td>5</td><td>护理人：女儿</td></tr>
<tr><td colspan="11">家庭构成：(1.)单身　2. 夫妇　(3.)其他（4）人　共计（5）人其中 65 岁以上老人（1）人</td></tr>
<tr><td colspan="2" rowspan="2">运动功能障碍
残障位置用斜线表示</td><td colspan="9">语言障碍（有·(无)）　视力障碍（有·(无)）　听力障碍（有·(无)）　体内障碍（(有)·无）</td></tr>
<tr><td colspan="9">移动方式：1. 独立行走　2. 拄拐杖　(3.)护理人伴行　4. 挪步　(5.)坐轮椅　6. 全护</td></tr>
<tr><td colspan="2" rowspan="5">1　2
3　4</td><td>日常行为（ADL）</td><td>起居动作</td><td>用餐动作</td><td>更衣动作</td><td>排便动作</td><td>梳理动作</td><td>洗浴动作</td><td colspan="2">评估标准</td></tr>
<tr><td rowspan="4">评估</td><td>○</td><td>○</td><td>○</td><td></td><td>○</td><td></td><td colspan="2">3：自理</td></tr>
<tr><td></td><td></td><td></td><td>○</td><td></td><td></td><td colspan="2">2：看护</td></tr>
<tr><td></td><td></td><td></td><td></td><td></td><td>○</td><td colspan="2">1：半护</td></tr>
<tr><td></td><td></td><td></td><td></td><td></td><td></td><td colspan="2">0：全护</td></tr>
<tr><td colspan="5">住房形式：(独门独户)·公寓（(产权房)·私租房·公租房）3 层</td><td colspan="5">结构：木结构　钢结构　(钢筋混凝土)</td><td>工期：1 天</td></tr>
<tr><td colspan="6">护理保险住宅修缮费的利用情况　（有·(无)）</td><td colspan="5">住宅修缮费利用额：　日元</td></tr>
<tr><td colspan="6">身体残障者住宅改造费补贴政策的利用情况　（(有)·无）</td><td colspan="5">公费补助额：　500000 日元</td></tr>
</table>

<table>
<tr><td>厕所</td><td>浴室·盥洗</td><td>起居·卧室</td><td>门口·坡道</td><td>其他</td></tr>
<tr><td>1. 安装扶手
2. 安装坐便
3. 调整便器高度
4. 更换便器
5. 更换门扇
6. 消除地面高差
7.</td><td>1. 安装扶手
2. 调整浴缸高度
3. 更换浴缸
4. 安装热水淋浴器
5. 更换门扇
6. 消除浴室地面高差
7. 安装入浴助力器械</td><td>1. 安装扶手
2. 改榻榻米为地板
3. 更换门扇
4. 消除地面高差
5. 安装护理助力器械
6.
7.</td><td>1. 安装扶手
2. 设置踏板
(3.)铺设坡道
4. 更换地面铺装材料
5. 设置无高差助力器械
6.
7.</td><td>1. 安装扶手
2. 消除地面高差
3. 铺设坡道
4. 更换地面铺装材料
5. 设置无高差助力器械
6. 设置楼梯助力器械
7.</td></tr>
<tr><td>费用：　日元</td><td>费用：　日元</td><td>费用：　日元</td><td>费用：714000 日元</td><td>费用：　日元</td></tr>
</table>

<table>
<tr><td rowspan="2">福利器具利用情况</td><td>■轮椅　■特殊睡床　■扶手　■坡道　■步行器</td><td>费用总计：714000 日元</td></tr>
<tr><td colspan="2">■助步拐杖　□移动助力器械　■便携式便器　■入浴辅助器具　□其他</td></tr>
<tr><td rowspan="2">护理服务介入情况</td><td colspan="2">■上门护理　□上门入浴护理　□上门看护　□上门康复护理　■定期到所护理　□定期到所康复护理</td></tr>
<tr><td colspan="2">□居家疗养护理指导　□短期居家生活护理　□短期居家疗养护理　□其他</td></tr>
</table>

◇ 图 4-22　住宅改造要点 ◇

改造动机

◇ 现状

本案例一楼是底商，二、三楼为居所。业主本人住在二楼的西式房间。数月前，在楼梯的休息平台跌了一跤，造成脊椎压迫性骨折。至今就是靠着扶手也不能上下楼。

◇ 目的

希望安装一部座椅式楼梯升降机，业主可以坐在轮椅上，按动开关就可以上下楼梯。

◇ 图 4-23 ◇

施工要点

- 在楼上只要把升降椅调转方向，就可以安全地乘坐到楼下（图 4-23- ①）
- 《日本建筑标准法》规定：楼梯的有效宽度在 750mm 以上。本案例除去升降机轨道尺寸后剩余 900mm（图 4- 23- ②）符合标准要求。
- 该住宅钢结构的楼梯很结实，安装升降机在强度上没有问题。
- 在楼上、楼下的侧墙上，分别安装了叫梯按钮，如果升降椅停在楼上，在楼下按动叫梯按钮，升降椅就会自动下来。

总　评

5：很大改善 4：较大改善 3：轻微改善 2：没有改善 1：效果不好

改造后，业主只需按动右侧扶手端部的开关按钮即可上下楼。由于业主患有老年痴呆症，为安全起见，完全由护理员来操作。

4·5　厨房兼餐厅·卧室

❶ 改造成能兼顾到孩子的开敞式厨房!

案例序号	21	男·女	年龄： 11 岁	发病时间： 2006 年 3 月						痴呆症： 有·无
疾病：脑麻痹		护理程度：福利对象以外人员		需要援助		需要护理				残疾人手册：1 级
				1	2	1	2	3	4	5	护理人：母亲

家庭构成：①单身　2. 夫妇　③其他（4）人　共计（5）人其中 65 岁以上老人（0）人

运动功能障碍 残障位置用斜线表示	语言障碍（有·无）　视力障碍（有·无）　听力障碍（有·无）　体内障碍（有·无）
	移动方式：1. 独立行走　2. 拄拐杖　3. 护理人伴行　4. 挪步　⑤坐轮椅　⑥全护

日常行为（ADL）	起居动作	用餐动作	更衣动作	排便动作	梳理动作	洗浴动作	评估标准
评估							3：自理
							2：看护
							1：半护
	○	○	○	○	○	○	0：全护

住房形式：独门独户·公寓（产权房·私租房·公租房）2 层	结构：木结构 钢结构 钢筋混凝土	工期：7 天
护理保险住宅修缮费的利用情况（有·无）	住宅修缮费利用额：日元	
身体残障者住宅改造费补贴政策的利用情况（有·无）	公费补助额：500000 日元	

厕所	浴室·盥洗	起居·卧室	门口·坡道	其他
1. 安装扶手 2. 安装坐便 3. 调整便器高度 4. 更换便器 5. 更换门扇 6. 消除地面高差 7.	1. 安装扶手 2. 调整浴缸高度 3. 更换浴缸 4. 安装热水淋浴器 5. 更换门扇 6. 消除浴室地面高差 7. 安装入浴助力器械	1. 安装扶手 2. 改榻榻米为地板 3. 更换门扇 4. 消除地面高差 5. 安装护理助力器械 ⑥更换地面铺装材料 7.	1. 安装扶手 2. 设置踏板 3. 铺设坡道 4. 更换地面铺装材料 5. 设置无高差助力器械 6. 7.	1. 安装扶手 2. 消除地面高差 3. 铺设坡道 4. 更换地面铺装材料 5. 设置无高差助力器械 ⑥设置楼梯助力器械 7.
费用：日元	费用：日元	费用：日元	费用：日元	费用：1239000 日元

福利器具利用情况	■轮椅　■特殊睡床　■扶手　□坡道　□步行器　费用总计：1422750 日元 □助步拐杖　■移动助力器械　□便携式便器　□入浴辅助器具　□其他
护理服务介入情况	□上门护理　□上门入浴护理　□上门看护　□上门康复护理　□定期到所护理　□定期到所康复护理 □居家疗养护理指导　□短期居家生活护理　□短期居家疗养护理　□其他

◇ 图 4-24　住宅改造要点 ◇

改造动机

◇ 现状

业主家有一个完全靠护理的残疾儿童，癫痫病时常发作，一刻不能离开家长的视线。另外还有两个孩子需要照顾，妈妈每天都要边看孩子边忙家务。问题是厨房洗涤盆的位置背对着客厅（见图 4-25），对于边做饭边照看残疾孩子的母亲来说非常不方便，想寻找一个更好的解决办法。

◇ 目的

为了满足边做饭、边做家务，还要随时关注着孩子的要求，最好将厨房改成面对客厅的开敞式空间。

施工要点

- 为了方便家长随时看到孩子，将洗涤盆的位置调整为面对客厅的方向。
- 让孩子坐在地板上玩耍，将客厅的地板全部换成仿木柔性铺装材料。
- 厨房采用厨柜做遮挡，以免客人看到内部杂乱的样子。

改造前

改造后

◇ 图 4-25 ◇

总　　评

5：很大改善 4：较大改善 3：轻微改善 2：没有改善 1：效果不好

- 改造成开放式厨房后，主妇可以边做家务，边照看着孩子。同时，身后的橱柜内可存放许多厨具，还比以前缩短了操作动线。

❷ 为完全依靠护理的业主安装电子遥控装置，恢复业主的生活自信!

案例序号	22	男·(女)	年龄：23 岁	发病时间：2006 年 10 月	痴呆症：有·(无)
疾病：颈椎损伤		护理程度：(福利对象以外人员)	需要援助 1 2；需要护理 1 2 3 4 5		残疾人手册：1 级；护理人：母亲

家庭构成：(1.)单身　2. 夫妇　(3.)其他（4）人　共计（5）人其中 65 岁以上老人（0）人

运动功能障碍　残障位置用斜线表示

语言障碍(有·(无))　视力障碍(有·(无))　听力障碍(有·(无))　体内障碍((有)·无)

移动方式：1. 独立行走　2. 拄拐杖　3. 护理人伴行　4. 挪步　(5.)坐轮椅　(6.)全护

日常行为（ADL）	起居动作	用餐动作	更衣动作	排便动作	梳理动作	洗浴动作	评估标准
评估							3：自理
							2：看护
							1：半护
	○	○	○	○	○	○	0：全护

住房形式：(独门独户)·公寓（(产权房)·私租房·公租房）2 层	结构：(木结构) 钢结构 钢筋混凝土	工期：10 天
护理保险住宅修缮费的利用情况（有·(无)）	住宅修缮费利用额：日元	
身体残障者住宅改造费补贴政策的利用情况（有·(无)）	公费补助额：日元	

厕　所	浴室·盥洗	起居·卧室	门口·坡道	其　他
1. 安装扶手 2. 装坐便器 3. 调整便器高度 4. 更换便器 5. 更换门扇 6. 消除地面高差 7.	1. 安装扶手 2. 调整浴缸高度 3. 更换浴缸 4. 安装热水淋浴器 5. 更换门扇 6. 消除浴室地面高差 7. 安装入浴助力器械	1. 安装扶手 2. 改榻榻米为地板 3. 更换门扇 4. 消除地面高差 5. 安装护理助力器械 (6.)安装环境控制装置（ECS）	1. 安装扶手 2. 设置踏板 3. 铺设坡道 4. 更换地面铺装材料 5. 设置无高差助力器械 6. 7.	1. 安装扶手 2. 消除地面高差 3. 铺设坡道 4. 更换地面铺装材料 5. 设置无高差助力器械 6. 7.
费用：日元	费用：日元	费用：3360000 日元	费用：日元	费用：日元

福利器具利用情况	■轮椅　■特殊睡床　■扶手　□坡道　□步行器　　费用总计：3360000 日元 ■助步拐杖　□移动助力器械　□便携式便器　■入浴辅助器具　□其他
护理服务介入情况	■上门护理　□上门入浴护理　□上门看护　□上门康复护理　□定期到所护理　□定期到所康复护理 □居家疗养护理指导　□短期居家生活护理　□短期居家疗养护理　□其他

◇ 图 4-26　住宅改造要点 ◇

改造动机

◇ 现状

业主因交通事故造成颈椎损伤，日常生活完全依靠护理，精神上情绪上也十分低落。

◇ 目的

利用电子遥控装置来操控生活中的各种设施，以激活业主仅存的生存动力，为业主营造出充满活力的生活环境（见图 4- 27- ①、②）。

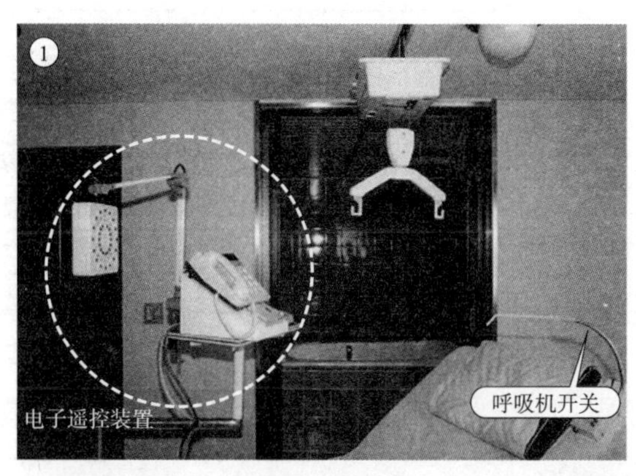

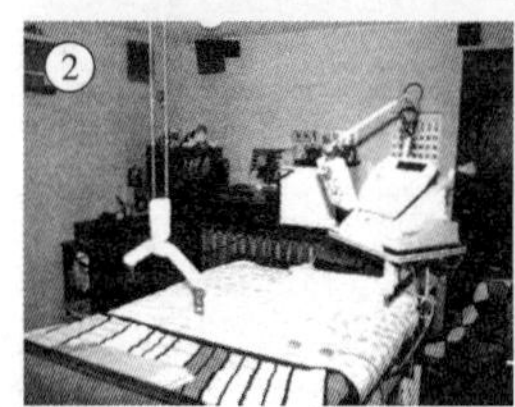

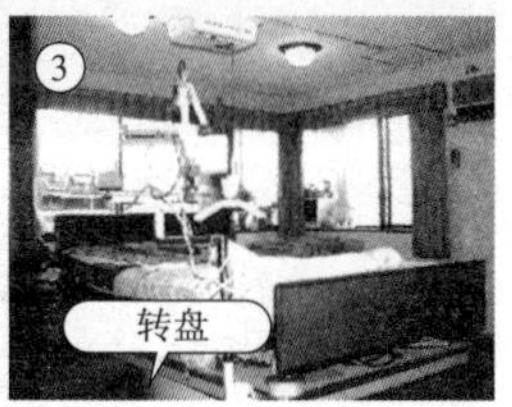

◇ 图 4-27 ◇

施工要点

· 由于四肢麻痹，业主要通过呼吸装置来控制家中各种电器的开关（通过呼气和吸气来操作电源的开 / 关按钮）。包括电视、音响、空调、电动窗帘、电动床、转向装置、电话、内线电话以及安装在顶棚上的运行轨道（见图 4-27- ③）。

· 在导入环境控制装置的同时，为减轻家属的护理负担，在顶棚安装移动轨道，用吊带把业主从床上轻轻吊起，从床移动到轮椅，或送到浴室。

· 业主卧室内的窗子很大，在电动床下面安装一个特制的 360 度转向盘，使业主能够透过四周的窗户眺望外面的景色（见图 4-27- ③）。

总　评

5：很大的改善 4：较大的改善 3：轻微的改善 2：没有改善 1：效果不好

改造完成后，把业主从完全不能自理生活的困境中解脱出来，过上了能听到自己喜欢的音乐这样随心所欲的生活，不仅激活了业主的生存欲望，其生命质量也得到很大的提升。

4·6　厕所

❶ 日式·西式厕所合为一室!

……将厕所扩建到 1 坪，方便业主坐电动轮椅进入

案例序号	23	（男）·女	年龄：47 岁	发病时间：2006 年　6 月	痴呆症：有·（无）
疾病：脊椎损伤	护理程度：（福利对象以外人员）	需要援助 1　2	需要护理 1　2　3　4　5	残疾人手册：1 级	护理人：妻子
家庭构成：1. 单身　（2.）夫妇　（3.）其他（2）人　共计（4）人其中 65 岁以上老人（0）人					

运动功能障碍 残障位置用斜线表示	语言障碍（有·（无））　视力障碍（有·（无））　听力障碍（有·（无））　体内障碍（有·（无））						
	移动方式：1. 独立行走　（2.）拄拐杖　3. 护理人伴行　4. 挪步　5. 坐轮椅　6. 全护						
	日常行为（ADL）	起居动作	用餐动作	更衣动作	排便动作	梳理动作	洗浴动作	评估标准
	评　估	○	○	○		○		3：自理
					○			2：看护
							○	1：半护
								0：全护

住房形式：（独门独户）·公寓（（产权房）·私租房·公租房）2 层	结构：（木结构）钢结构　钢筋混凝土	工期：5 天
护理保险住宅修缮费的利用情况　（有·（无））	住宅修缮费利用额：　日元	
身体残障者住宅改造费补贴政策的利用情况　（（有）·无）	公费补助额：　500000 日元	

厕　所	浴室·盥洗	起居·卧室	门口·坡道	其　他
（1.）安装扶手 2. 安装坐便 3. 调整便器高度 （4.）更换便器 （5.）更换门扇 （6.）消除地面高差 （7.）安装污水池	1. 安装扶手 2. 调整浴缸高度 3. 更换浴缸 4. 安装热水淋浴器 5. 更换门扇 6. 消除浴室地面高差 7. 安装入浴助力器械	1. 安装扶手 2. 改榻榻米为地板 3. 更换门扇 4. 消除地面高差 5. 安装护理助力器械 6. 7.	1. 安装扶手 2. 设置踏板 3. 铺设坡道 4. 更换地面铺装材料 5. 设置无高差助力器械 6. 7.	1. 安装扶手 2. 消除地面高差 3. 铺设坡道 4. 更换地面铺装材料 5. 设置无高差助力器械 6. 设置楼梯助力器械 7.
费用：1260000 日元	费用：　日元	费用：　日元	费用：　日元	费用：　日元

福利器具利用情况	■轮椅　■特殊睡床　■扶手　■坡道　□步行器	费用总计：1260000 日元
	□助步拐杖　□移动助力器械　□便携式便器　■入浴辅助器具　□其他	
护理服务介入情况	■上门护理　□上门入浴护理　□上门看护　□上门康复护理　□定期到所护理　□定期到所康复护理	
	□居家疗养护理指导　□短期居家生活护理　□短期居家疗养护理　□其他	

◇ 图 4-28　住宅改造要点 ◇

改造动机

◇ 现状

业主家的厕所分为坐便和蹲便，在门口还有一个盥洗间。安装坐便的厕所内空间狭窄，轮椅不能进入。

单开门

改造前

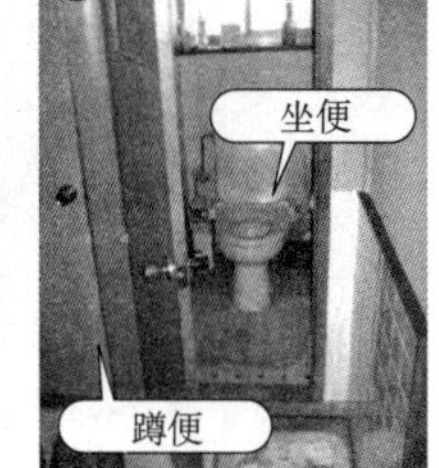

◇ 图 4-29 ◇

◇ 目的

把盥洗间的单开拉门（见图 4- 29- ①）和坐便厕所的平开折门（见图 4- 29- ②）进行拓宽改造。

施工要点

- 将三个小空间整合为一体（两个厕所和一个盥洗间），扩大至 1 坪，增加了护理空间（见图 4- 30- ③），将出入口改为三折门（见图 4-30- ①），又拓宽了三分之一的有效空间（见图 4-30- ②）。
- 不过，厕所空间拓宽了，但坐便器另一侧的墙距过远，只能安装扬起式扶手，扶手旁再设置一个洗污盆（见图 4-30- ③）。

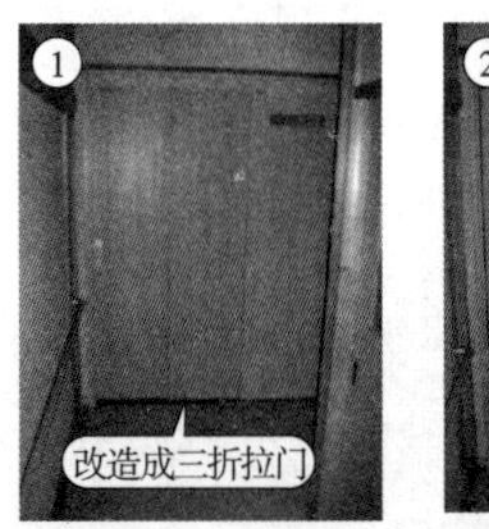

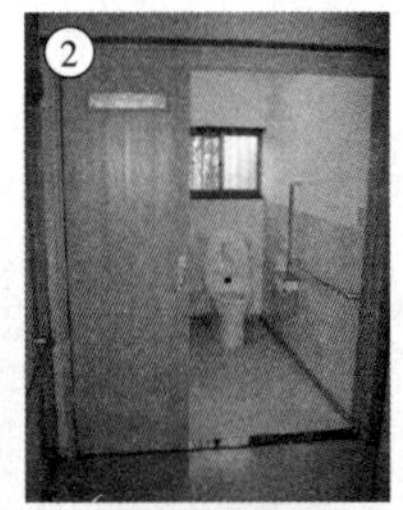

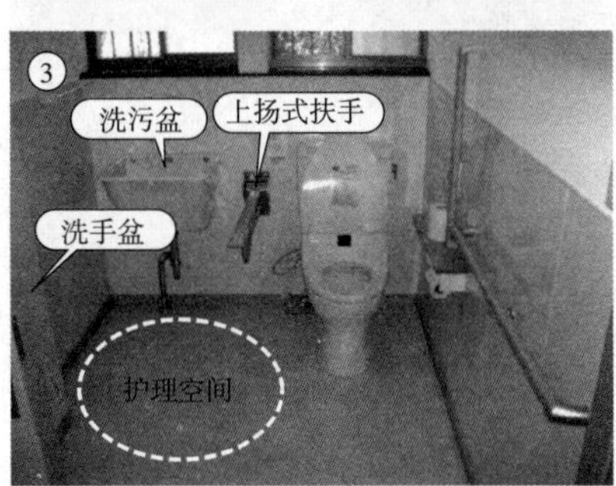

◇ 图 4-30 ◇

总　评

5：很大改善 4：较大改善 3：轻微改善 2：没有改善 1：效果不好

改造后，厕所扩增至 1 坪（3.3m²）大的方形厕所，业主可乘坐轮椅顺畅进出。

❷ 将临近卧室的壁龛空间改造成一个新厕所！

案例序号	24	男·(女)	年龄： 76 岁	发病时间： 2003 年 12 月	痴呆症：(有)·无

疾病：由脑出血引发的左半身麻痹	护理程度：	需要援助		需要护理					残疾人手册：2 级
		1	2	1	2	③	4	5	护理人：丈夫

家庭构成： 1. 单身 ②夫妇 3. 其他（0）人 共计（2）人其中 65 岁以上老人（2）人

运动功能障碍 残障位置用斜线表示	语言障碍（有·(无)） 视力障碍（有·(无)） 听力障碍（有·(无)） 体内障碍（(有)·无）						
	移动方式：1. 独立行走 2. 拄拐杖 ③护理人伴行 4. 挪步 ⑤坐轮椅 6. 全护						
	日常行为（ADL）	起居动作	用餐动作	更衣动作	排便动作	梳理动作	洗浴动作	评估标准
	评估		○	○				3：自理
		○			○	○		2：看护
							○	1：半护
								0：全护

住房形式：(独门独户)·公寓 (产权房)·私租房·公租房）2 层	结构：(木结构) 钢结构 钢筋混凝土	工期：7 天
护理保险住宅修缮费的利用情况 （有·(无)）	住宅修缮费利用额： 日元	
身体残障者住宅改造费补贴政策的利用情况 （(有)·无）	公费补助额： 631250 日元	

厕所	浴室·盥洗	起居·卧室	门口·坡道	其他
①安装扶手 2. 安装坐便 3. 调整便器高度 4. 更换便器 5. 更换门扇 6. 消除地板高 ⑦增设新厕所	1. 安装扶手 2. 调整浴缸高度 3. 更换浴缸 4. 安装热水淋浴器 5. 更换门扇 6. 消除浴室地面高差 7. 安装入浴助力器械	1. 安装扶手 ②改榻榻米为地板 3. 更换门扇 4. 除地面高差 5. 安装护理助力器械 6. 7.	1. 安装扶手 2. 设置踏板 3. 铺设坡道 4. 更换地面铺装材料 5. 设置无高差助力器械 6. 7.	1. 安装扶手 2. 消除地面高差 3. 铺设坡道 4. 更换地面铺装材料 5. 设置无高差助力器械 6. 设置楼梯助力器械 7. 设置踏板
费用：997500 日元	费用： 日元	费用：131250 日元	费用： 日元	费用： 日元

福利器具利用情况	■轮椅 ■特殊睡床 ■扶手 ■坡道 ■步行器	费用总计：1128750 日元
	■助步拐杖 □移动助力器械 ■便携式便器 ■入浴辅助器具 □其他	
护理服务介入情况	■上门护理 □上门入浴护理 □上门看护 □上门康复护理 ■定期到所护理 □定期到所康复护理	
	■居家疗养护理指导 ■短期居家生活护理 □短期居家疗养护理 □其他	

◇ 图 4-31 住宅改造要点 ◇

改造动机

◇ 现状

业主的帕金森病不断发展，从病情等级上（参见4·9节）判断，已经丧失了部分生活能力，到了需要四级护理的程度。室内行走要靠助步器，或抓靠扶手挪步缓行，同时还会有摔倒的危险。

◇ 目的

考虑到今后病情的发展，改造的重点是方便业主坐轮椅在室内顺利通行，不仅方便业主本人操作，同时还要减轻护理人员的负担。

◇ 图 4-32 ◇

施工要点

- 由于业主从日式蒲团上起身十分困难，故将他平日居住的日式房间的榻榻米席更换成地板，并购置睡床。
- 由于业主上厕所的次数频繁，到达原有厕所的动线复杂，距离较远，每次去厕所花费的时间过长。为了促使业主能够尽快自理排便，要把日式房间里的壁龛空间改建成一个厕所，缩短了如厕的距离。

◇ 图 4-33 ◇

总　评

5：很大的改善 4：较大的改善 3：轻微的改善 2：没有改善 1：效果不好

由于购置了睡床，业主向轮椅上移动变得容易了，还能就近去厕所（见图 4-33），以往使用的便携式便盆也不再使用了。

4·7　盥洗·更衣室

❶ 调整洗衣机的位置，更换适宜轮椅者使用的洗手盆！

案例序号	25	男·(女)	年龄：47 岁	发病时间：2000 年　9 月	痴呆症：有·(无)
疾病：由脑出血引发的左半身麻痹		护理程度：(福利对象以外人员)	需要援助 1 2 / 需要护理 1 2 3 4 5		残疾人手册：3 级 / 护理人：丈夫

家庭构成：　1. 单身　(2.)夫妇　(3.)其他（1）人　共计（3）人其中 65 岁以上老人（0）人

运动功能障碍 残障位置用斜线表示	语言障碍(有·(无))　视力障碍(有·(无))　听力障碍(有·(无))　体内障碍(有·(无))
	移动方式：1. 独立行走　2. 拄拐杖　(3.)护理人伴行　4. 挪步　(5.)坐轮椅　6. 全护

日常行为（ADL）	起居动作	用餐动作	更衣动作	排便动作	梳理动作	洗浴动作	评估标准
评估	○	○	○		○		3：自理
				○		○	2：看护
							1：半护
							0：全护

住房形式：(独门独户)·公寓（(产权房)·私租房·公租房）2 层	结构：(木结构) 钢结构　钢筋混凝土	工期：1 天
护理保险住宅修缮费的利用情况（有·(无)）	住宅修缮费利用额：　日元	
身体残障者住宅改造费补贴政策的利用情况（(有)·无）	公费补助额：367500 日元	

厕所	浴室·盥洗	起居·卧室	门口·坡道	其他
1. 安装扶手 2. 安装坐便 3. 调整便器高度 4. 更换便器 5. 更换门扇 6. 消除地面高差 7.	1. 安装扶手 2. 调整浴缸高度 3. 更换浴缸 4. 安装热水淋浴器 (5.)更换门扇 (6.)消除浴室地面高差 (7.)安装入浴助力器械	1. 安装扶手 2. 改榻榻米为地板 3. 更换门扇 4. 消除地面高差 5. 安装护理助力器械 6. 7.	1. 安装扶手 2. 设置踏板 3. 铺设坡道 4. 更换地面铺装材料 5. 设置无高差助力器械 6. 7.	1. 安装扶手 2. 消除地面高差 3. 铺设坡道 4. 更换地面铺装材料 5. 设置无高差助力器械 6. 7.
费用：　日元	费用：367500 日元	费用：　日元	费用：　日元	费用：　日元

福利器具利用情况	■轮椅　■特殊睡床　■扶手　□坡道　□步行器　费用总计：367500 日元 □助步拐杖　□移动助力器械　□便携式便器　■入浴辅助器具　□其他
护理服务介入情况	■上门护理　□上门入浴护理　□上门看护　□上门康复护理　■定期到所护理　□定期到所康复护理 □居家疗养护理指导　□短期居家生活护理　□短期居家疗养护理　□其他

◇ 图 4-34　住宅改造要点 ◇

改造动机

◇ 现状

业主平时要借助撑力才能站起来，最近病情有所加重，像洗衣等家务活，基本上只能坐在轮椅上进行。

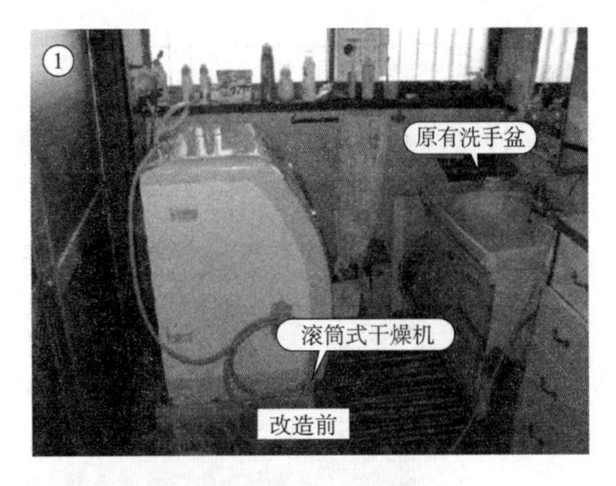

◇ 目的

原来在洗衣机和洗手盆之间，仅有可供业主抓扶着才能站着干活的狭窄空间。将来如果坐在椅子或轮椅上，过于窄小的空间就不能再洗衣了（见图 4-35- ①）。考虑到今后业主的身体状态，要为她改造成能坐轮椅洗衣干活的卫生间。

◇ 图 4-35 ◇

施工要点

- 将原有滚筒洗衣机调整到与洗手盆平行的位置，以保证轮椅进出的通道（见图 4-35- ②）。
- 洗手盆底下的空间要与轮椅相吻合，不能碰到两膝或轮椅的底盘，方便业主坐在轮椅上洗漱（见图 4-35- ②）。
- 洗手盆台面的高度要参照业主坐轮椅的实际位置来定，一般设定在 750mm。
- 由于洗衣机与洗手盆排水管位置的调整，要重新更换地板。地面高度要与浴室和门槛的高度一致，不能出现高差。

总　评

5：很大的改善 4：较大的改善 3：轻微的改善 2：没有改善 1：效果不好

原来的盥洗间拓宽后，变成业主坐在轮椅上就能进行洗漱、更衣的空间了。

❷ 利用原有厕所内的空间，设置一个可收起式更衣台！

<table>
<tr><td>案例序号</td><td>26</td><td>男·女</td><td>年龄：22 岁</td><td colspan="2">发病时间：1987 年 3 月</td><td colspan="2">痴呆症：有·无</td></tr>
<tr><td colspan="2" rowspan="2">疾病：由脑出血引发的左半身麻痹</td><td colspan="2" rowspan="2">护理程度：福利对象以外人员</td><td>需要援助</td><td>需要护理</td><td colspan="2">残疾人手册：1 级</td></tr>
<tr><td>1　2</td><td>1　2　3　4　5</td><td colspan="2">护理人：母亲</td></tr>
<tr><td colspan="8">家庭构成：1.单身　2. 夫妇　3.其他（4）人　共计（5）人其中 65 岁以上老人（1）人</td></tr>
</table>

运动功能障碍 残障位置用斜线表示	语言障碍(有·无)　视力障碍(有·无)　听力障碍(有·无)　体内障碍(有·无)						
1　2　3　4	移动方式：1. 独立行走　2. 拄拐杖　3. 护理人伴行　4. 挪步　5.坐轮椅　6.全护						
	日常行为（ADL）	起居动作	用餐动作	更衣动作	排便动作	梳理动作	洗浴动作	评估标准
	评估							3：自理
								2：看护
								1：半护
		○	○	○	○	○	○	0：全护

住房形式：独门独户·公寓（产权房·私租房·公租房）2 层	结构：木结构 钢结构 钢筋混凝土	工期：1 天
护理保险住宅修缮费的利用情况（有·无）	住宅修缮费利用额：日元	
身体残障者住宅改造费补贴政策的利用情况（有·无）	公费补助额：日元	

厕所	浴室·盥洗	起居·卧室	门口·坡道	其他
1. 安装扶手 2. 安装坐便 3. 调整便器高度 4. 更换便器 5. 更换门扇 6. 消除地面高差 7.	1. 安装扶手 2. 调整浴缸高度 3. 更换浴缸 4. 安装热水淋浴器 5. 更换门扇 6. 消除浴室地面高差 7.安装入浴助力器械	1. 安装扶手 2. 改榻榻米为地板 3. 更换门扇 4. 消除地面高差 5. 安装护理助力器械 6. 7.	1. 安装扶手 2. 设置踏板 3. 铺设坡道 4. 更换地面铺装材料 5. 设置无高差助力器械 6. 7.	1. 安装扶手 2. 消除地面高差 3. 铺设坡道 4. 更换地面铺装材料 5. 设置无高差助力器械 6. 7.
费用：日元	费用：31500 日元	费用：日元	费用：日元	费用：日元

福利器具利用情况	■轮椅　■特殊睡床　□扶手　■坡道　□步行器	费用总计：31500 日元
	□助步拐杖　■移动助力器械　□便携式便器　■入浴辅助器具　□其他	
护理服务介入情况	□上门护理　□上门入浴护理　□上门看护　□上门康复护理　□定期到所护理　□定期到所康复护理	
	□居家疗养护理指导　□短期居家生活护理　□短期居家疗养护理　□其他	

◇ 图 4-36　住宅改造要点 ◇

改造动机

◇ **现状**

业主家里有一个完全丧失了自理能力的儿子，每次洗澡由于没有更衣空间，业主都要在卧室的床上提前为他脱好衣服。在寒冬季节，从卧室到浴室之间的移动，会有引发感冒的危险，这给业主造成很大的负担，希望能有一个在浴室内就近更衣的改造方案。

◇ **目的**

由于没有条件单设一个更衣间，只能利用浴室旁边的厕所空间，为了不影响家人使用厕所，专门定制了一个固定在墙上可收纳式的更衣台（见图 4-37）。

收起状态

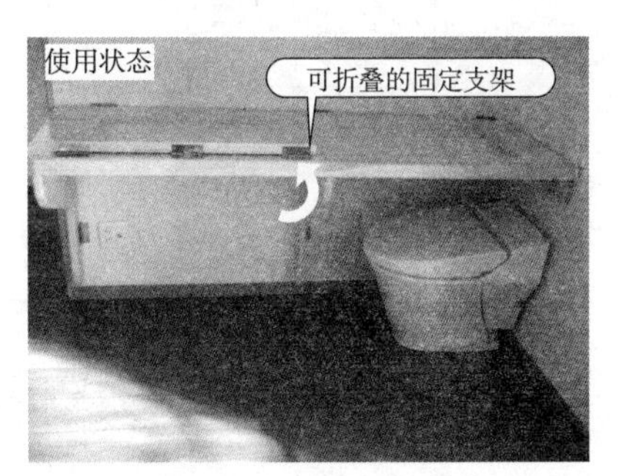

◇ 图 4-37 ◇

施工要点

- 选用厚实的实心材料做台板，安装在厕所用于更衣时的支撑，台板和支架都可折叠后贴到墙上，而且还能转向收起。
- 安装一个防止更衣台脱落的支架，折叠收起后，不会影响家人如厕。

总　评

5：很大改善 4：较大改善 3：轻微改善 2：没有改善 1：效果不好

- 业主入浴时，只需一名护理员将穿着衣服的业主利用移动升降机送到厕所，借助更衣台脱衣后，再用移动升降机送至浴室。这一连串的动作能够顺利完成。
- 更衣台的高度要以方便护理者帮助业主更衣的需要为准。

4·8 浴室

❶ 不破坏整体浴室的墙面，利用吸盘安装扶手！

案例序号	27	(男)·女	年龄：69 岁	发病时间：2008 年 11 月	痴呆症：有·(无)
疾病：由脑出血引发的右半身麻痹	护理程度：	需要援助：1 (2)	需要护理：1 2 3 4 5	残疾人手册： 级	护理人：妻子
家庭构成：1. 单身 (2.)夫妇 (3.)其他（1）人 共计（3）人其中 65 岁以上老人（1）人					

运动功能障碍 残障位置用斜线表示	语言障碍(有·(无)) 视力障碍(有·(无)) 听力障碍(有·(无)) 体内障碍(有·(无))
	移动方式：1. 独立行走 (2.)拄拐杖 3. 护理人伴行 4. 挪步 5. 坐轮椅 6. 全护

日常行为（ADL）	起居动作	用餐动作	更衣动作	排便动作	梳理动作	洗浴动作	评估标准
评估	○	○	○	○	○		3：自理
						○	2：看护
							1：半护
							0：全护

住房形式：独门独户·(公寓)(产权房·私租房·(公租房)) 12 层	结构：钢结构 钢结构 (钢筋混凝土)	工期：半天
护理保险住宅修缮费的利用情况 ((有)·无)	住宅修缮费利用额：200000 日元	
身体残障者住宅改造费补贴政策的利用情况 (有·(无))	公费补助额： 日元	

厕　所	浴室·盥洗	起居·卧室	门口·坡道	其　他
1. 安装扶手 2. 安装坐便 3. 调整便器高度 4. 更换便器 5. 更换门扇 6. 消除地面高差 7.	(1.)安装扶手 2. 调整浴缸高度 3. 更换浴缸 4. 安装热水淋浴器 5. 更换门扇 (6.)消除浴室地面高差 7. 安装入浴助力器械	1. 安装扶手 2. 改榻榻米为地板 3. 更换门扇 4. 消除地面高差 5. 安装护理助力器械 6. 7.	1. 安装扶手 2. 设置踏板 3. 铺设坡道 4. 更换地面铺装材料 5. 设置无高差助力器械 6. 7.	1. 安装扶手 2. 消除地面高差 3. 铺设坡道 4. 更换地面铺装材料 5. 设置无高差助力器械 6. 设置楼梯助力器械 7.
费用： 日元	费用：210000 日元	费用： 日元	费用： 日元	费用： 日元

福利器具利用情况	□轮椅 □特殊睡床 ■扶手 □坡道 □步行器 　费用总计：210000 日元 ■助步拐杖 □移动助力器械 □便携式便器 ■入浴辅助器具 □其他
护理服务介入情况	■上门护理 □上门入浴护理 □上门看护 □上门康复护理 ■定期到所护理 □定期到所康复护理 □居家疗养护理指导 □短期居家生活护理 □短期居家疗养护理 □其他

◇ 图 4-38 住宅改造要点 ◇

改造动机

◇ 现状

业主因脑血管障碍，导致轻度右半身麻痹，需要借助扶手自理洗澡。如今刚刚搬入县营的公租房，住宅内卫生间是预制的整体浴室，不仅浴室地面、墙壁以及天井都融为一体，还安装有宽 800mm、深 600mm 的浴缸和加热器（见图 4-39-②）。

◇ 目的

在整体浴室内安装扶手，应事先向公租房管理部门提交浴室改装申请，考虑到退租时必须恢复原样的前提条件，在复原设计中寻找一个尽量不在整体浴室墙上开洞的安装对策。

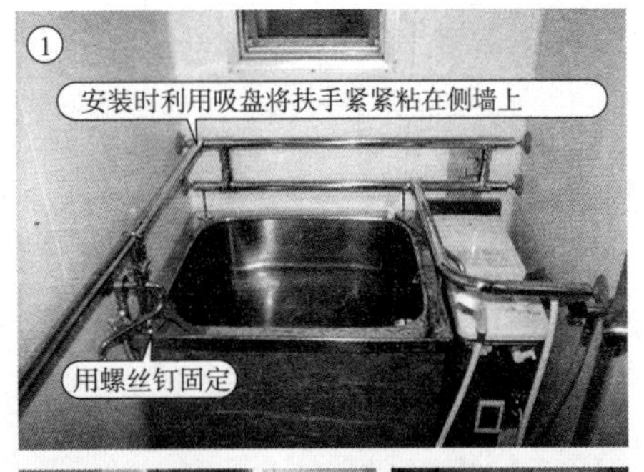

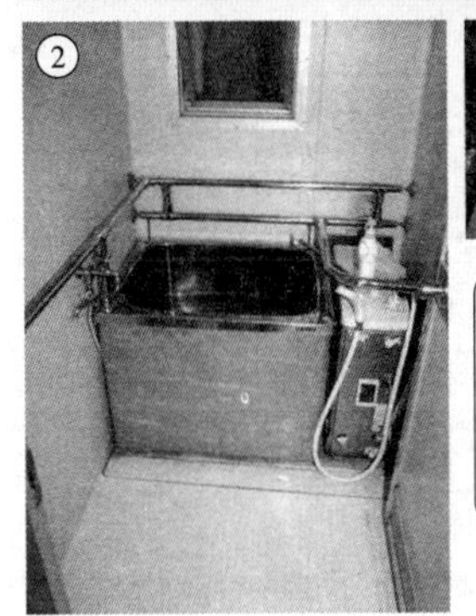

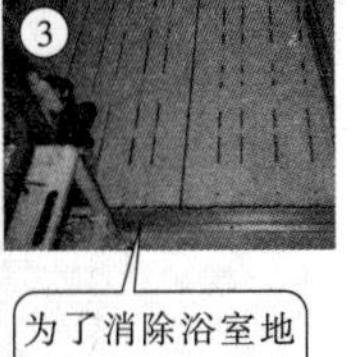

◇ 图 4-39 ◇

施工要点

- 与墙的接触面，利用可调式吸盘对扶手的长度进行微调，使扶手凸出墙面（见图 4- 39- ①）。
- 由于浴缸和加热器是由业主自己购置的，可以在不锈钢浴缸的三个边槽用螺丝固定，并用硅胶将浴缸周围的缝隙密封（见图 4- 39- ①）。
- 为消除浴缸垫板与门框的高差，可在浴室内放置既轻又耐腐蚀的树脂脚踏板，为方便清扫排水沟，可分成两块摆放（见图 4- 39- ③）。

总　评

5：很大改善 4：较大改善 3：轻微改善 2：没有改善 1：效果不好

改造后，在没有破坏整体浴室墙面的情况下，将不锈钢扶手固定在浴室容易抓扶的墙上，从此业主能够自理洗浴。

❷ 利用入浴助力器来减轻护理者的负担!

案例序号	28	男·女	年龄：18 岁	发病时间：1991 年 1 月	痴呆症：有·无
疾病：由脑出血引发的左半身麻痹		护理程度：福利对象以外人员	需要援助 1 2；需要护理 1 2 3 4 5		残疾人手册：1 级；护理人：母亲
家庭构成：1.单身　2.夫妇　3.其他（5）人　共计（6）人其中 65 岁以上老人（1）人					
运动功能障碍 残障位置用斜线表示（1 2 3 4）		语言障碍(有·无)　视力障碍(有·无)　听力障碍(有·无)　体内障碍(有·无)			
		移动方式：1. 独立行走　2. 拄拐杖　3. 护理人伴行　4. 挪步　5.坐轮椅　6.全护			

日常行为（ADL）	起居动作	用餐动作	更衣动作	排便动作	梳理动作	洗浴动作	评估标准
评估							3：自理
							2：看护
							1：半护
	○	○	○	○	○	○	0：全护

住房形式：独门独户·公寓（产权房·私租房·公租房）2 层	结构：木结构　钢结构　钢筋混凝土	工期：3 天
护理保险住宅修缮费的利用情况（有·无）	住宅修缮费利用额：　日元	
身体残障者住宅改造费补贴政策的利用情况（有·无）	公费补助额：300000 日元	

厕所	浴室·盥洗	起居·卧室	门口·坡道	其他
1. 安装扶手 2. 安装坐便 3. 调整便器高度 4. 更换便器 5. 更换门扇 6. 消除地面高差 7.	1. 安装扶手 2. 调整浴缸高度 3. 更换浴缸 4. 安装热水淋浴器 5. 更换门扇 6. 消除浴室地面高差 7.安装入浴助力器械	1. 安装扶手 2. 改榻榻米为地板 3. 更换门扇 4. 消除地面高差 5. 安装护理助力器械 6. 7.	1. 安装扶手 2. 设置踏板 3.铺设坡道 4. 更换地面铺装材料 5. 设置无高差助力器械 6. 7.	1. 安装扶手 2. 消除地面高差 3. 铺设坡道 4. 更换地面铺装材料 5. 设置无高差助力器械 6.日常生活用具（入浴担架）
费用：　日元	费用：433250 日元	费用：　日元	费用：300000 日元	费用：82400 日元

福利器具利用情况	■轮椅　■特殊睡床　□扶手　■坡道　□步行器　　费用总计：815650 日元 □助步拐杖　■移动助力器械　□便携式便器　■入浴辅助器具　□其他
护理服务介入情况	□上门护理　□上门入浴护理　□上门看护　□上门康复护理　□定期到所护理　□定期到所康复护理 □居家疗养护理指导　□短期居家生活护理　□短期居家疗养护理　□其他

◇ 图 4-40　住宅改造要点 ◇

改造动机

◇ 现状

业主因先天性疾病，生活完全不能自理，护理者是40多岁的母亲，业主的体重已同成人，如今母亲抱他入浴十分困难。

◇ 目的

为减轻母亲的护理负担，希望安装入浴升降机。

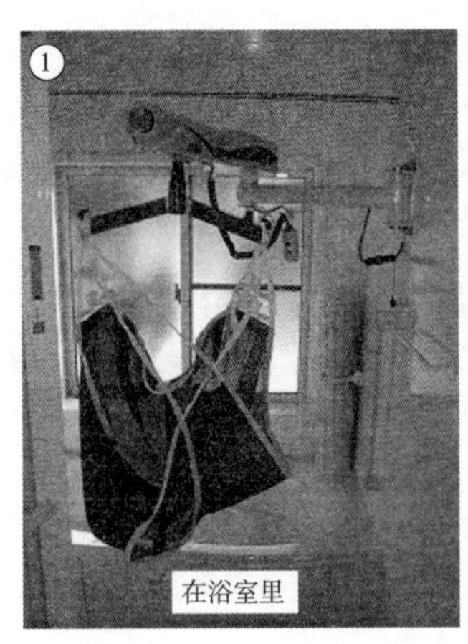

◇ 图 4-41 ◇

施工要点

· 业主的卫生间是整体浴室。安装升降机立柱的墙面需要填充加固，在与隔壁120mm厚的墙之间，用专门定制的120mm厚的不锈钢横柱（撑挡），从两侧外墙紧紧夹住，在四周开一个12mm的洞，将螺栓穿通再用螺母拧紧固定。

· 入浴升降机是电动的，用遥控器的上下按钮来控制升降机的吊带将入浴者紧紧包裹住移至浴缸上方，本人可以一只手支撑身体，另一只手轻按电钮来掌控移动（见图 4-41）。

总　评

5：很大的改善 4：较大的改善 3：轻微的改善 2：没有改善 1：效果不佳

改造后，母亲就可以用轮椅将儿子推进浴室，顺利完成洗浴的一连串操作，从而减轻了母亲的负担。

4 · 9　不同空间改造一览表

❶ 不同空间改造一览表

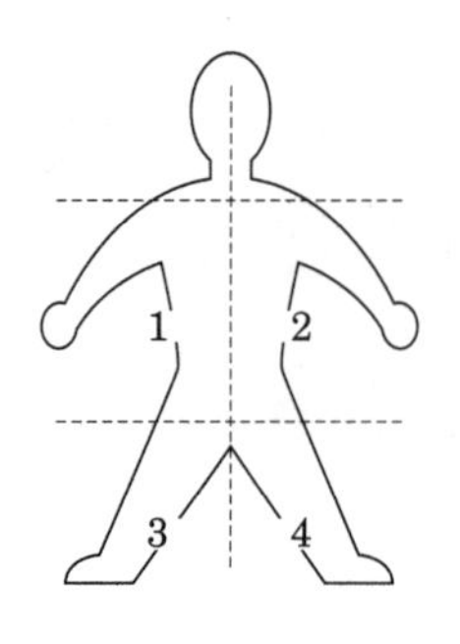

· 残疾人手册（由身体残障人士保存）：0 为无 / 1 为 1 级 / 2 为 2 级 / 3 为 3 级

· 护理程度：0 为无 / 支 1 为 1 级支援 / 支 2 为 2 级支援 / 1 ～ 5 为需要护理 1 ～ 5 级

· 运动障碍部位：左图中的数字表示身体障碍的位置

· 其他障碍：言为语言 / 视为视觉 / 听为听觉 / 内为体内

· 移动（移动方法）：1 独立行走 / 2 拄拐杖 / 3 护理人伴行 / 4 挪步 / 5 坐轮椅 / 6 完全护理

不同空间改造一览表

章节号	案例号	性别	年龄	疾病	残疾人手册	护理程度	护理人	运动				其他障碍				移动	
												语言	视觉	听力	内部		
4 · 1	13	女	78	帕金森病	3	2	丈夫			3	4	无	无	无	有	2	3
	14	男	80	脑梗塞 糖尿病	1	4	妻子	1	2	3	4	有	无	无	有	3	5
4 · 2	15	女	59	脑出血	0	支 1	自理			2	4	无	无	无	无	1	2
	16	男	66	脊椎损伤	2	4	妻子			3	4	无	无	无	无		5
4 · 3	17	女	69	糖尿病性 神经障碍	0	支 2	丈夫	1	2	3	4	无	无	无	有		2
	18	女	78	脑梗塞	2	支 1	女儿			1	3	无	无	无	有	1	2
4 · 4	19	男	70	脑梗塞	0	支 2	妻子			1	3	无	无	无	无	2	3
	20	女	82	骨质疏松脊 椎压迫骨折	3	3	女儿			3	4	无	无	无	有	3	5
4 · 5	21	女	11	脑麻痹	1	0	母亲	1	2	3	4	有	无	无	无	5	6
	22	女	23	颈椎损伤	1	0	母亲	1	2	3	4	无	无	无	有	5	6
4 · 6	23	男	47	脊髓损伤	1	0	妻子			3	4	无	无	无	无		2
	24	女	76	帕金森病	2	3	丈夫			3	4	无	无	无	有	3	5
4 · 7	25	女	47	肌肉萎缩性 侧索硬化症	3	0	丈夫	1	2	3	4	无	无	无	无	3	5
	26	男	22	脑麻痹	1	0	母亲	1	2	3	4	有	无	无	无	5	6
4 · 8	27	男	69	脑出血	0	支 2	妻子			1	3	无	无	无	无		2
	28	男	18	脑麻痹	1	0	母亲	1	2	3	4	有	无	无	无	5	6

· ADL（日常行为）：起：为起居 / 食：为吃饭 / 更：为更衣 / 排：为排便 / 整：为梳理 / 入：为洗浴 3 为自理 / 2 为看护 / 1 为部分护理 / 0 为完全护理

· 住宅改装费：护理保险住宅修缮费的利用情况

· 住宅改造费：身体残障者住宅改造费补贴政策的利用情况

· 改 装 地 点：1 为厕所 / 2 为浴室·盥洗室 / 3 为起居·卧室 / 4 为玄关·坡道 / 5 为其他

· 总　　　评：5 很大改善 / 4 较大改善 / 3 轻微改善 / 2 没有改善 / 1 效果不好

帕金森病情分量表　　表 4-2

Ⅰ级	只发生单侧身体障碍，即使出现功能下降也只是轻微症状
Ⅱ级	身体双侧发生障碍，但没有影响平衡
Ⅲ级	可以看出早期的动作反应迟缓，身体功能下降由轻度发展到中度。但患者还可以独立生活
Ⅳ级	随着病情发展到身体功能严重受损，一部分日常生活开始需要护理
Ⅴ级	完全卧床，日常生活全部需要别人护理

（续前页）　　表 4-1

ADL						住宅修缮费	住宅改造费	改修场所				费用合计	改装的动机	总评
起居	饮食	更衣	排便	梳理	入浴									
2	3	3	2	2	1	无	有				4	2266000	安全确保	5
2	2	1	1	1	1	有	有			4	5	3038500	室外活动	5
3	3	3	3	3	3	有	无	1	2	4	5	127050	安全确保	3
2	3	2	2	2	1	有	无				4	315000	室外活动	4
3	3	2	3	3	2	有	无			4	5	148050	安全确保	5
3	3	3	3	3	2	有	无				5	73500	安全确保	4
3	3	3	2	3	1	有	无				5	115500	安全确保	4
3	3	3	2	3	1	无	有				4	714000	安全确保	5
0	0	0	0	0	0	无	有			3	5	1422750	看护	4
0	0	0	0	0	0	无	无				3	3360000	减轻护理负担	5
3	3	3	2	3	1	无	有				1	1260000	扩建厕所	5
2	3	3	2	2	1	无	有			1	3	1128750	减轻护理负担	5
3	3	3	2	3	2	无	有				2	367500	乘坐轮椅洗漱	4
0	0	0	0	0	0	无	无				2	31500	减轻护理负担	5
3	3	3	3	3	2	有	无				2	210000	自理洗浴	5
0	0	0	0	0	0	无	有		2	4	5	815650	减轻护理负担	5

❷ 不同居住空间无障碍改造的数据分析

① 根据不同疾病进行改造的主要场所

笔者分析了 2009 年期间实施完成住宅改造的 106 名业主的住宅改造资料，结果表明：虽然都是根据不同的疾病或障碍程度、房屋结构、隔断情况，或者家庭成员构成等情况实施的不同内容的住宅改造，但无论哪种疾病大都需要对厕所和浴室的改造。

② 改造场所和改造内容

如何对不同的居住空间进行改造，特归纳整理成表 4-3。

施工场所和施工内容　　表 4-3

改造场所	改造内容
厕所	· 便器的款式以及附带工程 · 安装扶手 · 调整坐便器的高度 · 带温水冲洗功能的坐便器 · 更换坐便 · 更换门扇 · 消除地面高差 · 拓宽厕所 · 增扩建等
浴室	· 安装扶手 · 更换浴缸 · 调整浴缸高度 · 设置淋浴设备 · 消除更衣室和浴室、卫生间的地面高差 · 安装浴凳 · 设置入浴升降机 · 更换门扇 · 扩建浴室 · 增建等
起居室	· 将日式榻榻米席改为地板 · 更换门扇 · 在天花板安装升降助力器的移动轨道或环境控制等福利器械 · 扩建居室 · 增建等
玄关	· 安装扶手 · 设置踏板 · 铺设坡道 · 安装高差消除机 · 更换门扇等
其他	· 根据身体障碍者福利法增设一些日常生活所需要的用具（浴缸）等

第5章

不同护理保险支付对象的无障碍改造实例

5·1　安装扶手

❶ 安装扶手是住宅无障碍改造最基本的任务!

案例序号	29	(男)·女	年龄： 63 岁	发病时间： 2008 年 2 月				痴呆症： 有·(无)
疾病：闭塞性动脉硬化症			护理程度：	需要援助	需要护理			残疾人手册： 级
				1 (2)	1	2	3 4 5	护理人：妻子
家庭构成： 1. 单身 (2.)夫妇 3. 其他（ 1 ）人 共计（ 3 ）人其中 65 岁以上老人（ 0 ）人								

运动功能障碍 残障位置用斜线表示	语言障碍（有·(无)） 视力障碍（有·(无)） 听力障碍（有·(无)） 体内障碍（(有)·无）							
	移动方式：1. 独立行走 (2.)拄拐杖 (3.)护理人伴行 4. 挪步 5. 坐轮椅 6. 全护							
1 2 3 4	日常行为（ADL）	起居动作	用餐动作	更衣动作	排便动作	梳理动作	洗浴动作	评估标准
	评估	○	○	○		○		3：自理
					○		○	2：看护
								1：半护
								0：全护

住房形式：(独门独户)·公寓（(产权房)·私租房·公租房）2 层	结构：(木结构) 钢结构 钢筋混凝土	工期： 1 天
护理保险住宅修缮费的利用情况 （(有)·无）	住宅修缮费利用额： 200000 日元	
身体残障者住宅改造费补贴政策的利用情况 （有·(无)）	公费补助额： 日元	

厕　所	浴室·盥洗	起居·卧室	门口·坡道	其　他
1. 安装扶手 2. 安装坐便 3. 调整便器高度 4. 更换便器 5. 更换门扇 6. 消除地面高差 7.	1. 安装扶手 2. 调整浴缸高度 3. 更换浴缸 4. 安装热水淋浴器 5. 更换门扇 6. 消除浴室地面高差 7. 安装入浴升降机	1. 安装扶手 2. 改榻榻米为地板 3. 更换门扇 4. 消除地面高差 5. 安装护理助力器械 6. 7.	(1.)安装扶手 2. 设置踏板 3. 铺设坡道 4. 更换地面铺装材料 5. 设置无高差助力器械 6. 7.	1. 安装扶手 2. 消除地面高差 3. 铺设坡道 4. 更换地面铺装材料 5. 设置无高差助力器械 6. 设置楼梯助力器械 7.
费用： 日元	费用： 日元	费用： 日元	费用：200000 日元	费用： 日元

福利器具利用情况	□轮椅 □特殊睡床 ■扶手 □坡道 □助步器　费用总计：200000 日元 ■助步拐杖 □移动助力器械 □便携式便器 □入浴辅助器具 □其他
护理服务介入情况	□上门护理 □上门入浴护理 □上门看护 □上门康复护理 □定期到所护理 □定期到所康复护理 □居家疗养护理指导 □短期居家生活护理 □短期居家疗养护理 □其他

◇ 图 5-1　住宅改造要点 ◇

改造动机

◇ 现状

业主的家门距路边有八级台阶，患者要在护理员的搀扶下拄拐杖前行，整个体重都压在妻子身上，每次从外面回家上台阶都很费劲，妻子感到不堪重负。

◇ 目的

为减轻妻子的护理负担，随即召开家庭会议，与儿子商谈的结果决定在室外台阶上安装扶手。另外，妻子虽然知道有护理保险制度，但以为不满 65 岁人员申请难度较大。经儿子提醒，决定去市政府护理保险管理部门咨询，结果得知：65 岁以下人员属于第二类保险对象，随着年龄的增加，只要符合 16 类特种疾病之一就可以享受护理保险的补贴政策，于是同意改造。

改造前

◇ 图 5-2 ◇

改造后

◇ 图 5-3 ◇

施工要点

· 扶手的高度参照使用者的身高，设定为 800mm，直径为 34Φ 方便把握。为了防止挂扯衣袖而摔倒，扶手两端应向墙面或地面弯曲。扶手表面采用手感舒适的优质树脂材质进行包裹（见图 5-3）。

总　评

[5]：很大的改善 4：较大的改善 3：轻微的改善 2：没有改善 1：效果不好

改造后，没有接缝的连续扶手外观很漂亮，同时，患者能够自己抓着扶手上下台阶，减轻了妻子的负担。相比安装扶手所花的费用，业主感到物有所值。

❷ 业主尚在住院……护理保险评估正在申请中，安装扶手为出院做准备!

<table>
<tr><td>案例序号</td><td>30</td><td>(男)·女</td><td>年龄： 66 岁</td><td colspan="6">发病时间： 2008 年 8 月</td><td colspan="2">痴呆症： 有·(无)</td></tr>
<tr><td rowspan="2">疾病：</td><td colspan="2" rowspan="2">由脑梗塞引发
右半身麻痹</td><td rowspan="2">护理程度：</td><td colspan="2">需要援助</td><td colspan="5">需要护理</td><td>残疾人手册： 级</td></tr>
<tr><td>1</td><td>2</td><td>(1)</td><td>2</td><td>3</td><td>4</td><td>5</td><td>护理人：妻子</td></tr>
<tr><td colspan="12">家庭构成： 1. 单身 (2.)夫妇 (3.)其他（ 1 ）人 共计（ 3 ）人其中 65 岁以上老人（ 1 ）人</td></tr>
</table>

<table>
<tr><td rowspan="8">运动功能障碍
残障位置用斜线表示
1 2 3 4</td><td colspan="8">语言障碍（(有)·无） 视力障碍（有·(无)） 听力障碍（有·(无)） 体内障碍（有·(无)）</td></tr>
<tr><td colspan="8">移动方式：1. 独立行走 2. 拄拐杖 3. 护理人伴行 4. 挪步 (5.)坐轮椅 6. 全护</td></tr>
<tr><td>日常行为（ADL）</td><td>起居动作</td><td>用餐动作</td><td>更衣动作</td><td>排便动作</td><td>梳理动作</td><td>洗浴动作</td><td>评估标准</td></tr>
<tr><td rowspan="4">评估</td><td>○</td><td>○</td><td>○</td><td></td><td>○</td><td></td><td>3：自理</td></tr>
<tr><td></td><td></td><td></td><td>○</td><td></td><td></td><td>2：看护</td></tr>
<tr><td></td><td></td><td></td><td></td><td></td><td>○</td><td>1：半护</td></tr>
<tr><td></td><td></td><td></td><td></td><td></td><td></td><td>0：全护</td></tr>
</table>

<table>
<tr><td colspan="2">住房形式：(独门独户)·公寓（(产权房)·私租房·公租房）2 层</td><td colspan="2">结构：(木结构) 钢结构 钢筋混凝土</td><td>工期： 1 天</td></tr>
<tr><td colspan="2">护理保险住宅修缮费的利用情况 （(有)·无）</td><td colspan="3">住宅修缮费利用额： 200000 日元</td></tr>
<tr><td colspan="2">身体残障者住宅改造费补贴政策的利用情况 （有·(无)）</td><td colspan="3">公费补助额： 日元</td></tr>
<tr><td>厕　所</td><td>浴 室·盥 洗</td><td>起 居·卧 室</td><td>门 口·坡 道</td><td>其　他</td></tr>
<tr><td>(1.)安装扶手
2. 安装坐便
3. 调整便器高度
4. 更换便器
5. 更换门扇
6. 消除地面高差
7.</td><td>(1.)安装扶手
2. 调整浴缸高度
3. 更换浴缸
4. 安装热水淋浴器
5. 更换门扇
6. 消除浴室地面高差
7. 安装入浴升降机</td><td>(1.)安装扶手
2. 改榻榻米为地板
3. 更换门扇
4. 消除地面高差
5. 安装护理助力器械
6.
7.</td><td>(1.)安装扶手
2. 设置踏板
3. 铺设坡道
4. 更换地面铺装材料
5. 设置无高差助力器械
6.
7.</td><td>1. 安装扶手
2. 消除地面高差
3. 铺设坡道
4. 更换地面铺装材料
5. 设置无高差助力器械
6. 设置楼梯助力器械
7.</td></tr>
<tr><td>费用： 26250 日元</td><td>费用： 49350 日元</td><td>费用： 89250 日元</td><td>费用： 57750 日元</td><td>费用： 日元</td></tr>
<tr><td rowspan="2">福利器具利用情况</td><td colspan="3">□轮椅 ■特殊睡床 ■扶手 □坡道 □步行器</td><td>费用总计：222600 日元</td></tr>
<tr><td colspan="4">■助步拐杖 □移动助力器械 ■便携式便器 ■入浴辅助器具 □其他</td></tr>
<tr><td rowspan="2">护理服务介入情况</td><td colspan="4">■上门护理 □上门入浴护理 □上门看护 □上门康复护理 ■ 定期到所护理 □定期到所康复护理</td></tr>
<tr><td colspan="4">□居家疗养护理指导 □短期居家生活护理 □短期居家疗养护理 □其他</td></tr>
</table>

◇ 图 5-4　住宅改造要点 ◇

改造动机

◇ 现状

3个月前，业主在家因脑栓塞跌倒紧急住院。目前治疗顺利，正在康复中，近期将要出院。

◇ 目的

出院后，老人大部分时间都将独自在家。家属想利用护理保险住宅改造资金，从日式卧室再到玄关、厕所、盥洗、浴室的沿途安装扶手，为老人将来的独立行走做准备。不过，老人的护理保险改造资金尚在申请评估过程中。

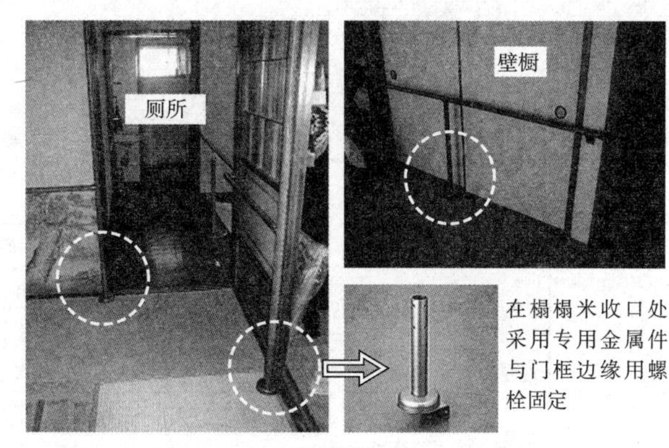

◇ 图 5-5 ◇

* 凡是遇到尚未办理好护理保险评估的业主，其住宅改造项目不能享受“业主只需向施工方缴纳自己所担负的10%的费用，其余款项则委托护理保险部门向施工方支付”的条款。

施工要点

- 老人平时居住在日式榻榻米房间，不能直接在纸隔扇或玻璃拉门的墙上安装扶手。只能在日式拉门的门框上采用专用金属件从地面单立一个支撑再装扶手（见图5-5）。

◇ 图 5-6 ◇

- 老人如厕要横穿玄关门厅，外出时必须把扶手抬起，不能妨碍通行（见图5- 6）。另外，在玄关门厅设置扶手时，要注意支撑的稳定性。

总　评

5：很大改善 4：较大改善 3：轻微改善 2：没有改善 1：效果不好

- 老人出院后就用上了扶手，不仅减轻了妻子的负担，今后老人也能独立去厕所了。
- 一周后，业主收到了护理保险的一级保险证，马上就去办理了住宅改造资金。

5·2　消除高差

❶ 玄关的台阶过多……希望能坐轮椅外出！

案例序号	31	男·(女)	年龄：79 岁	发病时间：2000 年 4 月	痴呆症：(有)·无

疾病：肾硬化·大腿骨颈部骨折	护理程度：	需要援助		需要护理					残疾人手册：1 级
		1	2	1	2	3	(4)	5	护理人：女儿

家庭构成：(1.)单身　2. 夫妇　(3.)其他（ 1 ）人　共计（ 2 ）人其中 65 岁以上老人（ 1 ）人

运动功能障碍 残障位置用斜线表示（1　2　3　4）

语言障碍（(有)·无）　视力障碍（有·(无)）　听力障碍（有·(无)）　体内障碍（(有)·无）

移动方式：1. 独立行走　2. 拄拐杖　3. 护理人伴行　4. 挪步　(5.)坐轮椅　6. 全护

日常行为（ADL）	起居动作	用餐动作	更衣动作	排便动作	梳理动作	洗浴动作	评估标准
评估							3：自理
		○					2：看护
	○		○	○	○		1：半护
						○	0：全护

住房形式：(独门独户)·公寓（(产权房)·私租房·公租房）2 层	结构：(木结构) 钢结构 钢筋混凝土	工期：4 天

护理保险住宅修缮费的利用情况　（(有)·无）	住宅修缮费利用额：200000 日元
身体残障者住宅改造费补贴政策的利用情况　（有·(无)）	公费补助额：日元

厕　所	浴室·盥洗	起居·卧室	门口·坡道	其　他
1. 安装扶手 2. 安装坐便 3. 调整便器高度 4. 更换便器 5. 更换门扇 6. 消除地面高差 7.	1. 安装扶手 2. 调整浴缸高度 3. 更换浴缸 4. 安装热水淋浴器 5. 更换门扇 6. 消除浴室地面高差 7. 安装入浴助力器械	1. 安装扶手 2. 改榻榻米为地板 3. 更换门扇 4. 消除地面高差 5. 安装护理助力器械 6. 7.	1. 安装扶手 2. 设置踏板 (3.)铺设坡道 4. 更换地面铺装材料 5. 设置无高差助力器械 6. 7.	1. 安装扶手 2. 消除地面高差 3. 铺设坡道 4. 更换地面铺装材料 5. 设置无高差助力器械 6. 设置楼梯助力器械 7.
费用：　日元	费用：　日元	费用：　日元	费用：220500 日元	费用：　日元

福利器具利用情况	■轮椅　■特殊睡床　■扶手　■坡道　□步行器	费用总计：220500 日元
	□助步拐杖　□移动助力器械　■便携式便器　■入浴辅助器具　□其他	
护理服务介入情况	■上门护理　□上门入浴护理　□上门看护　□上门康复护理　□定期到所护理　■定期到所康复护理	
	□居家疗养护理指导　□短期居家生活护理　□短期居家疗养护理　□其他	

◇ 图 5-7　住宅改造要点 ◇

改造动机

◇ 现状

一个月前，业主在自家玄关门框处跌倒，左大腿颈骨骨折住院，因长期卧床静养，引发并发症不能行走，不得不靠轮椅代步。

出院后，由于一直患有肾硬化症，要每周3次去医院做透析，家里有两处（玄关门框280mm、玄关通道500mm）高差（见图5-8），妨碍业主坐轮椅外出。

◇ 图5-8 ◇

◇ 目的

为方便业主坐轮椅外出，考虑铺设坡道来消除高差，但现状中玄关空间不足，只能从其他地方开辟出口。结果，决定对离业主常住的安床的居室最近的飘窗进行改造，利用阳台做通向庭院的出口，铺一条混凝土坡道，从通用门到达院外通道的改造计划（见图5-9）。

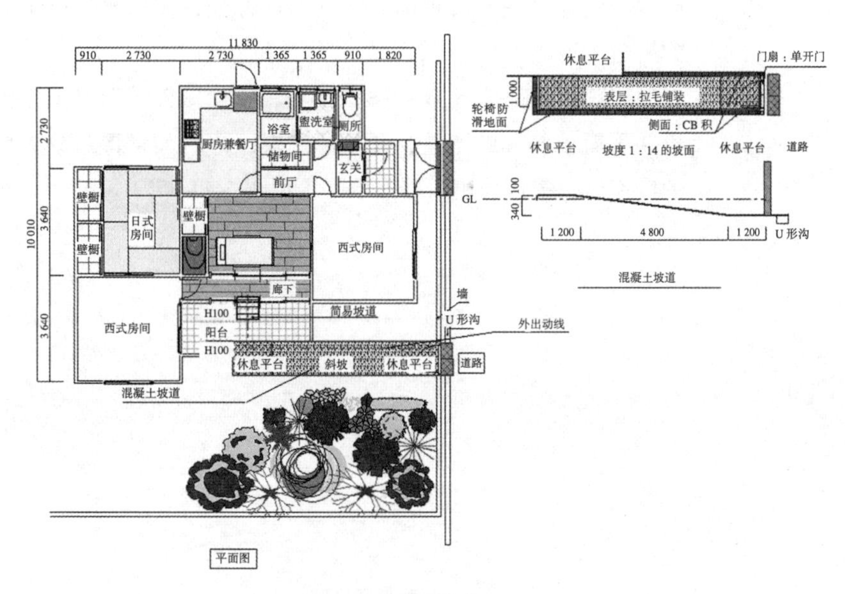

◇ 图5-9 ◇

施工要点

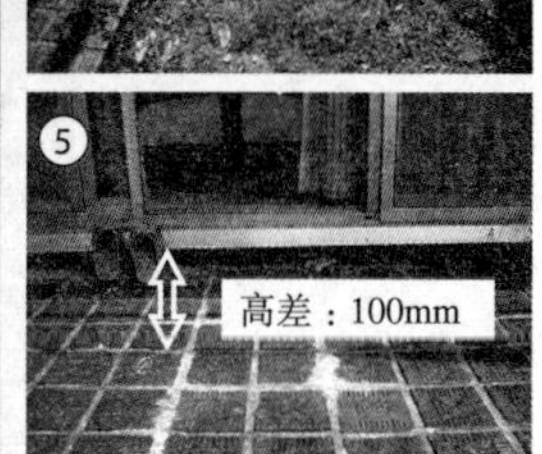

改造前

◇图 5-10◇

· 业主在 2004 年曾使用过护理保险住宅改造资金。这次骨折加上老年痴呆症加重，护理等级从一级升至四级，跨越三级成为重新调整对象。可以再次申请护理保险住宅改造资金。

· 临街的通用门（见图 5-10- ③），有 GL：340mm 的高差（见图 5-10- ①），利用这段距离，铺设一条混凝土坡道（见图 5-10- ②）。

· 在坡道两端设置休息平台，考虑到通用门的开关幅度和便于轮椅进出阳台的转向（见图 5-11- ①）。倾斜坡度为 1：14，对于护理人员推着轮椅进出，坡度较为适宜（见图 5-11- ②）。

· 在混凝土坡道的表面采用拉毛防滑铺装（见图 5-11- ④）。

· 已经改为出入口的阳台和飘窗（见图 5-11- ⑤）还有一处 100mm 左右的高差，此处可以放置一个以前购买的长 1000mm 的简易坡道来解决（见图 5-11- ⑤）。

· 阳台前的休息平台与地面之间的斜坡部分，应采取防止轮椅脚轮脱落的措施（见图 5-11- ⑥）。

· 在通用门与街路之间有一条 U 形沟，上面覆盖着混凝土盖板，它与街道路面有 30mm 的落差，要掀掉盖板，再用灰浆将路基垫高，将新筑的坡道休息平台与街道路面取平（见图 5-11- ⑦）。

改造后

◇图 5-11◇

总　评

5：很大改善 4：较大改善 3：轻微改善 2：没有改善 1：效果不好

- 改变了以前业主不能坐轮椅外出的困境，新铺设的坡道不仅方便业主外出就诊，还增加了与邻居朋友聚会、交流的机会，大大提升了生活品质。
- 新铺设的坡道坡度为 1：14，即使女护理员也能毫不费力地推着轮椅进出。另外，有效宽度为 1200mm、轮椅可以在阳台前直角转向的方形休息平台设置了轮椅脚轮防滑脱措施，幅宽 570mm 的护理轮椅可以在有效宽度 1000mm 的坡道上自由转向。
- 通用门原为外向单开门，由于紧邻马路，从安全角度以及确保门口 850mm 有效宽度的考虑，决定改为内开门。这样一来，当轮椅停放在通用门内侧时就不能开门关门了。只能在外出时，先将轮椅在阳台前的休息平台停稳后，再下去开门，反之，外出回来时，先将通用门打开，把轮椅推进去，停放到阳台前的休息平台并锁定轮椅，再去关门，这样轮椅才不会碍事。不过，这种因条件所限而不得已的繁琐流程已在改造前和业主讲明，因此没有发生索赔纠纷。

＊1 个月后：2011 年 6 月再次进行改造施工。

业主通过新建坡道出门后要在大门外乘车，赶上日本的梅雨季节，每天去医院治疗经常会淋雨。要么到附近的停车场租车位，要么在自家院内建车库。如果能在坡道旁新建一个立体车库，再加上一个雨罩，即使下雨天，业主和护理员，还有轮椅就都不会被雨淋了（见图 5-12）。

建车库的施工期约一周时间，如果将庭院改造成车库，工程费约 50 万日元。加上车库雨罩、立体车库、电动伸缩门、栅栏等户外设施的安装费 60 万日元，改造费共计 110 万日元。还要考虑雨水排放的问题，这些都不包含在日本护理保险制度、残疾人住宅改造补贴事业等国家补贴范围之内。因此，全部费用都将由业主承担。

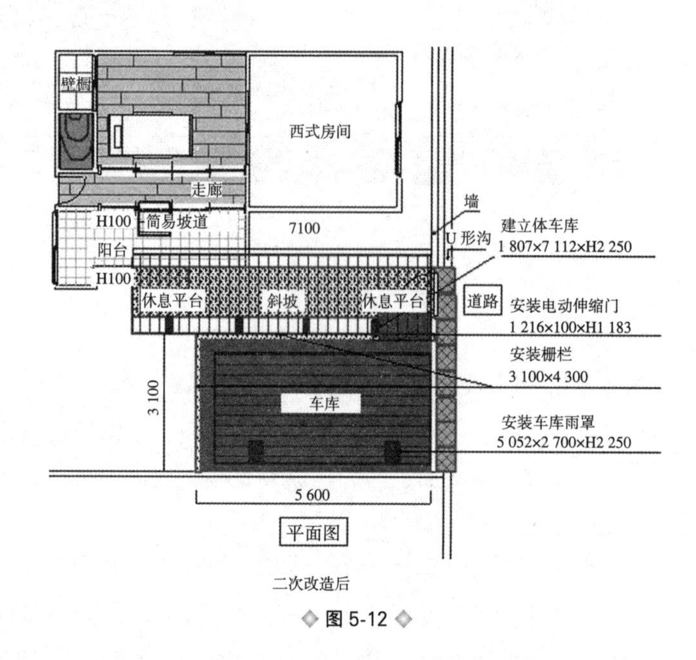

◇ 图 5-12 ◇

施工要点

· 考虑到轮椅的上下空间，车库的宽度应保证在 3500mm，但现场空间只有 3000mm（图 5-12- ①）。好在业主的私家车是日产“轻自动车 K-car”，车库建成后开进去一试，如果将车紧贴着车库雨罩的立柱，若将车横向停在电动伸缩门旁，车门可以完全打开，还不影响坐在副驾驶的人上下车。

· 考虑到夜间照明和防盗措施，在车库和坡道上方安装室外人体感应的照明装置（图 5-12- ③）。

· 在坡道下方休息平台通往车库的拐角部分（图 5-12- ④），为方便轮椅顺畅转向，要确保有效开口尺寸为 1200mm，因此安装了电动伸缩门（图 5-12- ⑤）。

二次改造后

◇图 5-13◇

总　评

5：很大改善 4：较大改善 3：轻微改善 2：没有改善 1：效果不好

- 通过实施福利性居住环境改造工程，使业主的生活得到了改善。至于是否达到了预期的效果，短期内还难以判断，多数情况都要经过一段时间的使用后才能对效果做出判断。本案当初最大的目标就是“能坐着轮椅到室外活动”。当这一目标实现后，又提出了雨季防雨，增建车库，加盖雨棚的扩建需求，花费了高额费用。有关性价比的问题，要充分与本人和家属沟通，获得他们的认可。对于福利性居住环境改造工程来说，改造结束后，要对改造效果和业主使用情况进行跟踪评价，为今后相类似的业主制定改造方案提供参考和建议，以提升福利性居住环境改造工程的整体效果。
- 过去，业主要在距家 500m 远的停车场包月存车，每天去医院治疗时，女儿要先把车取出来停在宅前，再回家用轮椅把母亲从室内通过新建的坡道推出再送进车内，还要再次回到室内锁门，至此，出发前的准备工作才算完成。修建自家的车库后，极大地减轻了女儿的负担。

❷ 原来狭窄的玄关空间，利用楼梯升降机来解决!

案例序号	32	男·[女]	年龄：71岁	发病时间：2003年6月	痴呆症：[有]·无
疾病：脊髓小脑变性症		护理程度：需要援助 1 2；需要护理 1 2 ③ 4 5			残疾人手册：2级；护理人：儿媳
家庭构成：①单身 2.夫妇 ③其他（4）人 共计（5）人其中65岁以上老人（1）人					

运动功能障碍 残障位置用斜线表示	语言障碍（[有]·无） 视力障碍（[有]·无） 听力障碍（有·[无]） 体内障碍（[有]·无）
	移动方式：1.独立行走 2.拄拐杖 ③护理人伴行 4.挪步 ⑤坐轮椅 6.全护

日常行为（ADL）	起居动作	用餐动作	更衣动作	排便动作	梳理动作	洗浴动作	评估标准
评估							3：自理
	○	○	○				2：看护
				○	○	○	1：半护
							0：全护

住房形式：[独门独户]·公寓（[产权房]·私租房·公租房）1层	结构：[木结构] 钢结构 钢筋混凝土	工期：3天
护理保险住宅修缮费的利用情况（[有]·无）	住宅修缮费利用额：200000日元	
身体残障者住宅改造费补贴政策的利用情况（[有]·无）	公费补助额：500000日元	

厕所	浴室·盥洗	起居·卧室	门口·坡道	其他
1. 安装扶手 2. 安装坐便 3. 调整便器高度 4. 更换便器 5. 更换门扇 6. 消除地面高差 7.	1. 安装扶手 2. 调整浴缸高度 3. 更换浴缸 4. 安装热水淋浴器 5. 更换门扇 6. 消除浴室地面高差 7. 安装入浴升降机	1. 安装扶手 2. 改榻榻米为地板 3. 更换门扇 4. 消除地面高差 5. 安装护理助力器械 6. 7.	1. 安装扶手 2. 设置踏板 ③铺设坡道 ④更换地面铺装材料 ⑤设置无高差助力器械 6. 7.	1. 安装扶手 2. 消除地面高差 3. 铺设坡道 4. 更换地面铺装材料 5. 设置无高差助力器械 6. 设置楼梯助力器械 7.
费用：日元	费用：日元	费用：日元	费用：700000日元	费用：日元

福利器具利用情况	■轮椅 ■特殊睡床 □扶手 ■坡道 □步行器 费用总计：700000日元 □助步拐杖 □移动助力器械 ■便携式便器 ■入浴辅助器具 □其他
护理服务介入情况	■上门护理 □上门入浴护理 □上门看护 □上门康复护理 □定期到所护理 ■定期到所康复护理 □居家疗养护理指导 ■短期居家生活护理 □短期居家疗养护理 □其他

◇ 图5-14 住宅改造要点 ◇

改造动机

◇ 现状

业主因患病行走困难，生活中的移动完全靠室内室外的两部轮椅在玄关处换乘，随着病情的加重，换乘轮椅将变得十分困难。

◇ 目的

消除玄关处的高差，免去业主换乘之苦，能坐着轮椅顺畅进出。

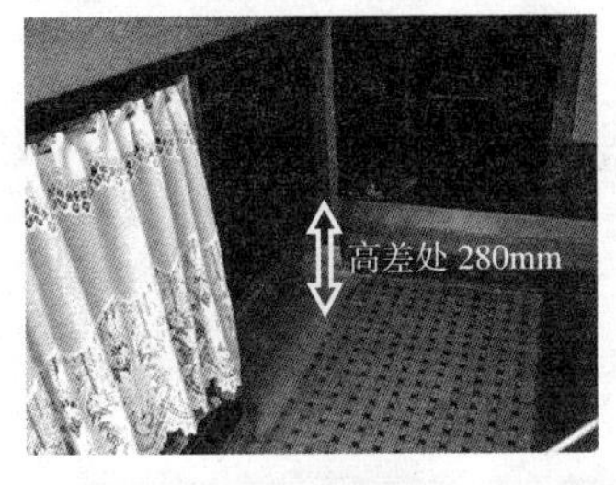

左侧照片是改造前的玄关门框，距地面有 280mm 的高差，业主坐轮椅进入室内十分困难。

◇ 图 5-15 ◇

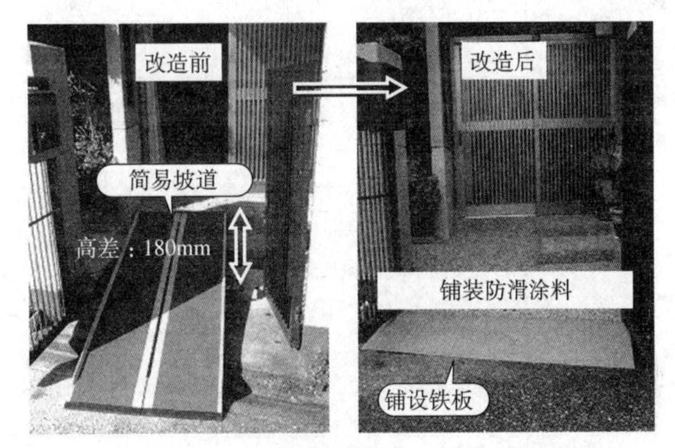

◇ 图 5-16 ◇

施工要点

- 玄关进深为 1650mm，与门框之间有 280mm 的高差。坡度比较陡，轮椅进出困难，要设置一台升降梯。
- 对于玄关处的台阶，最初想利用护理保险资金，铺一条简易坡道，考虑到护理人员搬动困难，决定在引道部分用混凝土做出一个坡道，表面铺装防滑涂料。同时还考虑到其他家人，将玄关右侧设为健康人出入口。

总　评

5：很大改善 4：较大改善 3：轻微改善 2：没有改善 1：效果不好

- 业主可以坐轮椅顺利进出，引道部分装饰得十分美观。

5·3　更换地面材料

❶ 修建一条路面无凹凸的安全行走坡道!

案例序号	33	男·女	年龄：73 岁	发病时间：2005 年 12 月	痴呆症：有·无

疾病：变形性膝关节炎	护理程度：	需要援助 ① 2	需要护理 1 2 3 4 5	残疾人手册：级 / 护理人：丈夫

家庭构成：1. 单身 ②夫妇 3. 其他（0）人　共计（2）人其中 65 岁以上老人（2）人

运动功能障碍　残障位置用斜线表示

语言障碍（有·无）　视力障碍（有·无）　听力障碍（有·无）　体内障碍（有·无）

移动方式：①独立行走 ②拄拐杖 3. 护理人伴行 4. 挪步 5. 坐轮椅 6. 全护

日常行为（ADL）	起居动作	用餐动作	更衣动作	排便动作	梳理动作	洗浴动作	评估标准
评估	○	○	○	○	○	○	3：自理
							2：看护
							1：半护
							0：全护

住房形式：独门独户·公寓（产权房·私租房·公租房）2 层	结构：木结构 钢结构 钢筋混凝土	工期：3 天
护理保险住宅修缮费的利用情况（有·无）	住宅修缮费利用额：200000 日元	
身体残障者住宅改造费补贴政策的利用情况（有·无）	公费补助额：日元	

厕　所	浴室·盥洗	起居·卧室	门口·坡道	其　他
1. 安装扶手 2. 安装坐便 3. 调整便器高度 4. 更换便器 5. 更换门扇 6. 消除地面高差 7.	1. 安装扶手 2. 调整浴缸高度 3. 更换浴缸 4. 安装热水淋浴器 5. 更换门扇 6. 消除浴室地面高差 7. 安装入浴助力器械	1. 安装扶手 2. 改榻榻米为地板 3. 更换门扇 4. 消除地面高差 5. 安装护理助力器械 6. 7.	①安装扶手 2. 设置踏板 3. 铺设坡道 ④更换地面铺装材料 ⑤设置无高差助力器械 6. 7.	1. 安装扶手 2. 消除地面高差 3. 铺设坡道 4. 更换地面铺装材料 5. 设置无高差助力器械 6. 设置楼梯助力器械 7.
费用：日元	费用：日元	费用：日元	费用：241500 日元	费用：日元

福利器具利用情况	□轮椅 □特殊睡床 ■扶手 □坡道 □步行器　费用总计：241500 日元 ■助步拐杖 □移动助力器械 □便携式便器 ■入浴辅助器具 □其他
护理服务介入情况	■上门护理 □上门入浴护理 □上门看护 □上门康复护理 □定期到所护理 □定期到所康复护理 □居家疗养护理指导 □短期居家生活护理 □短期居家疗养护理 □其他

◇ 图 5-17　住宅改造要点 ◇

改造动机

◇ 现状

业主家玄关前有一条叠石铺成的坡道，路面凹凸不平。一个月前，业主被坡道上的石头绊倒，万幸的是只挫伤了膝盖。业主原本的障碍程度是可以到室外行走的，自从摔伤以后，便对外出产生了恐惧心理，一直闭门不出。

◇ 目的

经过与负责护理的姐姐协商，决定利用护理保险住宅改造经费，将玄关前的叠石坡道改成平坦的混凝土路面，并沿途安装扶手。

◇ 图 5-18 ◇

施工要点

- 为防止老人绊倒，并消除老人的精神负担，先将坡道的叠石路面铲平，同时铺装平坦、安全的可行走路面。
- 考虑到通道的坡度，为安全起见，在道路一侧安装连续的树脂材质的扶栏。

综合评价

5：很大改善 4：较大改善 3：轻微改善 2：没有改善 1：效果不好

- 改造后，增加了业主外出的机会，可以经常与邻居好友喝茶、聊天，提高了生活品质。
- 特别是即使下雨天也不再担心叠石路面的湿滑，营造出安全的外出环境。

❷ 为方便业主的轮椅移动方便，将榻榻米地铺更换成地板！

案例序号	34	(男)·女	年龄： 78 岁	发病时间： 2007 年 2 月	痴呆症： (有)·无
疾病： 由脑出血引发的右半身麻痹		护理程度：	需要援助 1 2；需要护理 1 2 ③ 4 5		残疾人手册： 2 级 护理人：护理员
家庭构成： 1. 单身 ②夫妇 3. 其他（ 0 ）人 共计（ 2 ）人其中 65 岁以上老人（ 2 ）人					

运动功能障碍 残障位置用斜线表示	语言障碍（(有)·无） 视力障碍（有·(无)） 听力障碍（有·(无)） 体内障碍（有·(无)）
	移动方式：1. 独立行走 2. 拄拐杖 3. 护理人伴行 4. 挪步 ⑤坐轮椅 6. 全护

日常行为（ADL）	起居动作	用餐动作	更衣动作	排便动作	梳理动作	洗浴动作	评估标准
评估							3：自理
	○	○			○		2：看护
			○	○		○	1：半护
							0：全护

住房形式：(独门独户)·公寓（(产权房)·私租房·公租房）2 层	结构：(木结构) 钢结构 钢筋混凝土	工期： 1 天
护理保险住宅修缮费的利用情况 （(有)·无）	住宅修缮费利用额： 200000 日元	
身体残障者住宅改造费补贴政策的利用情况 （有·(无)）	公费补助额： 日元	

厕 所	浴 室·盥 洗	起 居·卧 室	门 口·坡 道	其 他
1. 安装扶手 2. 安装坐便 3. 调整便器高度 4. 更换便器 5. 更换门扇 6. 消除地面高差 7.	1. 安装扶手 2. 调整浴缸高度 3. 更换浴缸 4. 安装热水淋浴器 5. 更换门扇 6. 消除浴室地面高差 7. 安装入浴助力器械	1. 安装扶手 ②改榻榻米为地板 3. 更换门扇 ④消除地面高差 5. 安装护理助力器械 6. 7.	1. 安装扶手 2. 设置踏板 3. 铺设坡道 4. 更换地面铺装材料 5. 设置无高差助力器械 6. 7.	1. 安装扶手 ②消除地面高差 3. 铺设坡道 4. 更换地面铺装材料 5. 设置无高差助力器械 6. 设置楼梯助力器械 7.
费用： 日元	费用： 日元	费用：173250 日元	费用： 日元	费用：126000 日元

福利器具利用情况	■轮椅 ■特殊睡床 ■扶手 □坡道 □步行器	费用总计：299250 日元
	□助步拐杖 □移动助力器械 ■便携式便器 ■入浴辅助器具 □其他	
护理服务介入情况	■上门护理 □上门入浴护理 □上门看护 □上门康复护理 ■定期到所护理 □定期到所康复护理	
	□居家疗养护理指导 ■短期居家生活护理 □短期居家疗养护理 □其他	

◇ 图 5-19　住宅改造要点 ◇

改造动机

◇ 现状

业主夫妇二人结束了长期的住院治疗，开始居家养老。现住房内没有摆放睡床，完全是日式 8 席的榻榻米地铺，所有室内活动全靠健全的左手和左脚操纵轮椅来完成。

◇ 图 5-20 ◇

◇ 目的

为方便轮椅通行，将居室的榻榻米地铺改换成地板。同时拆除门槛，消除高差，改造成无障碍的生活空间（见图 5-20）。

施工要点

- 不能选用普通的地板材料，因为经常使用轮椅，会划伤或弄污地板。因此必须选择材质好一点的地板材料。
- 日式房间要用垫木和混凝土面板找平，按照门槛的高度铺装地板（见图 5- 20）。由于走廊与门槛存在 35mm 左右的高差，要以门槛的高度整体找平铺装（见图 5-21）。
- 在将日式榻榻米地铺改铺地板的过程中，考虑到原有日式的抹灰墙、拉门、天井等处都将改成西式风格，需要征得家属的同意。但家属提出，业主本人患有中度痴呆症，如果大幅度改变原有的生活环境，会导致他记忆上的混乱，只能进行最低限度的改造，以维持基本生活需要。

走廊找平铺装

◇ 图 5-21 ◇

总　评

5 : 很大改善 4 : 较大改善 3 : 轻微改善 2 : 没有改善 1 : 效果不好

改造后，业主再也不用坐在榻榻米地铺上一次次地呼唤老伴来推轮椅，他可以用健全的左脚掌控轮椅，用健全的手来把握轮椅的方向顺利移动。减少了对老伴的依赖程度，也减轻了老伴的护理负担。

5·4　更换门扇

❶ 利用业主原有的平开门改为推拉门!

案例序号	35	男·(女)	年龄：68岁	发病时间：2005年　7月	痴呆症：有·(无)

疾病：脊柱管狭窄	护理程度：	需要援助		需要护理					残疾人手册：2级
		1	2	1	(2)	3	4	5	护理人：丈夫

家庭构成：1. 单身　(2.)夫妇　(3.)其他（4）人　共计（6）人其中65岁以上老人（2）人

运动功能障碍
残障位置用斜线表示

语言障碍（有·(无)）　视力障碍（有·(无)）　听力障碍（有·(无)）　体内障碍（有·(无)）

移动方式：1. 独立行走　2. 拄拐杖　3. 护理人伴行　4. 挪步　(5.)坐轮椅　6. 全护

日常行为（ADL）	起居动作	用餐动作	更衣动作	排便动作	梳理动作	洗浴动作	评估标准
评估	○						3：自理
		○	○	○	○		2：看护
						○	1：半护
							0：全护

住房形式：(独门独户)·公寓（(产权房)·私租房·公租房）2层	结构：(木结构) 钢结构 钢筋混凝土	工期：半天
护理保险住宅修缮费的利用情况　((有)·无)	住宅修缮费利用额：45150日元	
身体残障者住宅改造费补贴政策的利用情况　(有·(无))	公费补助额：日元	

厕　所	浴室·盥洗	起居·卧室	门口·坡道	其　他
1. 安装扶手 2. 安装坐便 3. 调整便器高度 4. 更换便器 5. 更换门扇 6. 消除地面高差 7.	1. 安装扶手 2. 调整浴缸高度 3. 更换浴缸 4. 安装热水淋浴器 5. 更换门扇 6. 消除浴室地面高差 7. 安装入浴助力器械	1. 安装扶手 2. 改榻榻米为地板 (3.)更换门扇 (4.)消除地面高差 5. 安装护理助力器械 6. 7.	1. 安装扶手 2. 设置踏板 3. 铺设坡道 4. 更换地面铺装材料 5. 设置无高差助力器械 6. 7.	1. 安装扶手 2. 消除地面高差 3. 铺设坡道 4. 更换地面铺装材料 5. 设置无高差助力器械 6. 设置楼梯助力器械 7.
费用：日元	费用：日元	费用：45150日元	费用：日元	费用：日元

福利器具利用情况	■轮椅　□特殊睡床　■扶手　■坡道　□步行器　费用总计：45150日元 ■助步拐杖　□移动助力器械　□便携式便器　□入浴辅助器具　□其他
护理服务介入情况	■上门护理　□上门入浴护理　□上门看护　□上门康复护理　□定期到所护理　□定期到所康复护理 □居家疗养护理指导　□短期居家生活护理　□短期居家疗养护理　□其他

◇ 图5-22　住宅改造要点 ◇

改造动机

◇ 现状

业主因长期患病，生活中只能与轮椅为伴。业主坐着轮椅从走廊进入起居室，开门关门的动作使他感到越来越困难。另外，起居室门槛宽680mm，当620mm宽的电动轮椅通过时，已经没有多少余量，轮椅会经常碰到两侧的门框。

◇ 目的

为了简化开门关门的动作，同时将起居室门槛再拓宽出35mm，决定将原来的平开门改为推拉门，就利用业主在乔迁新居时朋友送的门改制成推拉门。

施工要点

- 利用原有的门口，直接将改装好的推拉门安装上去（见图5-24）。
- 不是简单地拆除原踏板，还要把门框立柱下面垫实，消除高差。

总　　评

5：很大改善 [4]：较大改善 3：轻微改善 2：没有改善 1：效果不好

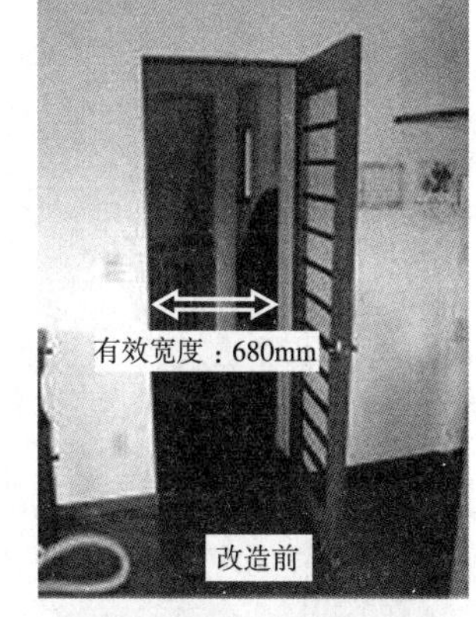

◇ 图5-23 ◇

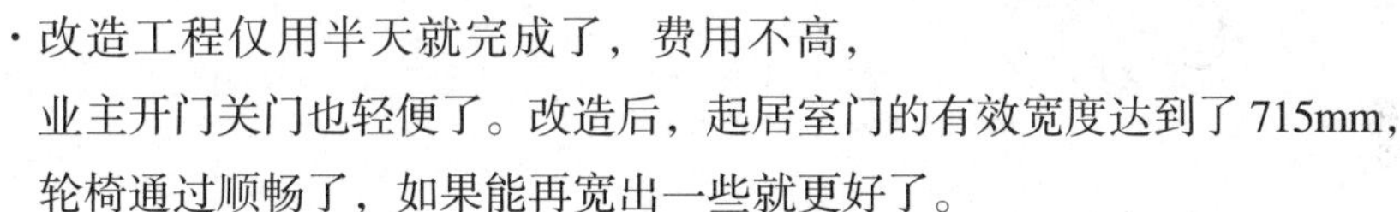

- 改造工程仅用半天就完成了，费用不高，业主开门关门也轻便了。改造后，起居室门的有效宽度达到了715mm，轮椅通过顺畅了，如果能再宽出一些就更好了。

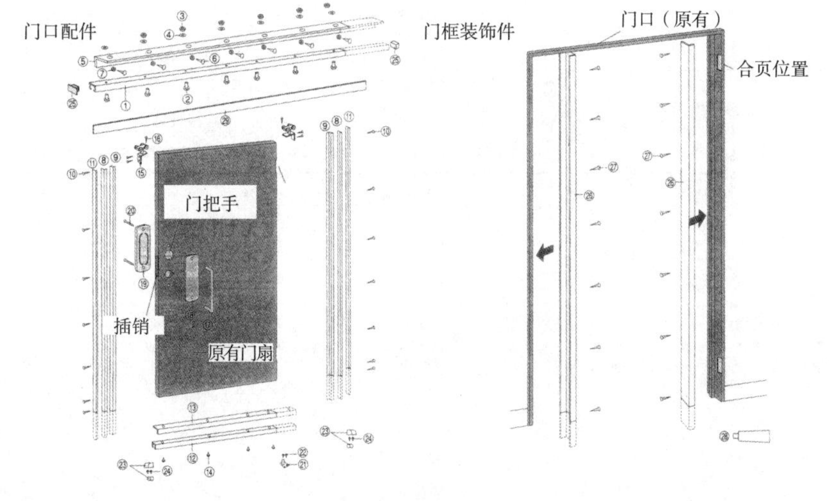

◇ 图5-24 ◇

❷ 为患慢性关节炎的业主将平开门改为推拉门！

案例序号	36	男 · **女**	年龄： 58 岁	发病时间： 2005 年 9 月	痴呆症： 有 · **无**

疾病：风湿关节炎	护理程度：	需要援助 1 2	需要护理 1 **2** 3 4 5	残疾人手册： 2 级 护理人：护理员

家庭构成： 1. 单身 **2.** 夫妇 3. 其他（ 2 ）人 共计（ 4 ）人其中 65 岁以上老人（ 0 ）人

运动功能障碍　残障位置用斜线表示

语言障碍（有 · **无**） 视力障碍（有 · **无**） 听力障碍（有 · **无**） 体内障碍（有 · **无**）

移动方式：1. 独立行走 2. 拄拐杖 **3.** 护理人伴行 4. 挪步 **5.** 坐轮椅 6. 全护

日常行为（ADL）	起居动作	用餐动作	更衣动作	排便动作	梳理动作	洗浴动作	评估标准
评估	○	○		○			3：自理
			○		○		2：看护
						○	1：半护
							0：全护

住房形式：**独门独户** · 公寓（**产权房** · 私租房 · 公租房）2 层	结构：**木结构** 钢结构 钢筋混凝土	工期： 3 天

护理保险住宅修缮费的利用情况 （**有** · 无）	住宅修缮费利用额： 200000 日元
身体残障者住宅改造费补贴政策的利用情况 （有 · **无**）	公费补助额： 日元

厕　所	浴室 · 盥洗	起居 · 卧室	玄关 · 坡道	其　他
1. 安装扶手 2. 安装坐便 3. 调整坐便器高度 4. 更换便器 **5.** 更换门扇 **6.** 消除地面高差 7.	1. 安装扶手 2. 调整浴缸高度 3. 更换浴缸 4. 安装热水淋浴器 5. 更换门扇 6. 消除浴室地面高差 7. 安装入浴升降机	1. 安装扶手 2. 改榻榻米为地板 3. 更换门扇 4. 消除地面高差 5. 安装护理升降机 6. 7.	1. 安装扶手 2. 设置踏板 3. 铺设坡道 4. 更换地面铺装材料 5. 设置无高差升降机 6. 7.	1. 安装扶手 2. 消除地面高差 3. 铺设坡道 4. 更换地面铺装材料 5. 设置无高差升降机 6. 设置楼梯升降机 7.
费用：200000 日元	费用： 日元	费用： 日元	费用： 日元	费用： 日元

福利器具利用情况	□轮椅 □特殊睡床 ■扶手 □坡道 □步行器　费用总计：200000 日元 ■助步拐杖 □移动助力器械 □便携式便器 ■入浴辅助器具 □其他
护理服务介入情况	■上门护理 □上门入浴护理 □上门看护 □上门康复护理 □定期到所护理 □定期到所康复护理 □居家疗养护理指导 □短期居家生活护理 □短期居家疗养护理 □其他

◇ 图 5-25　住宅改造要点 ◇

改造动机

◇ 现状

业主因长期患病，转成了慢性关节炎。由于疼痛和肿胀限制了关节的活动范围，握不住厕所的门把手，既不能开门，又不能关窗。同时，筋骨逐渐衰弱导致步行困难，妨碍了日常生活。

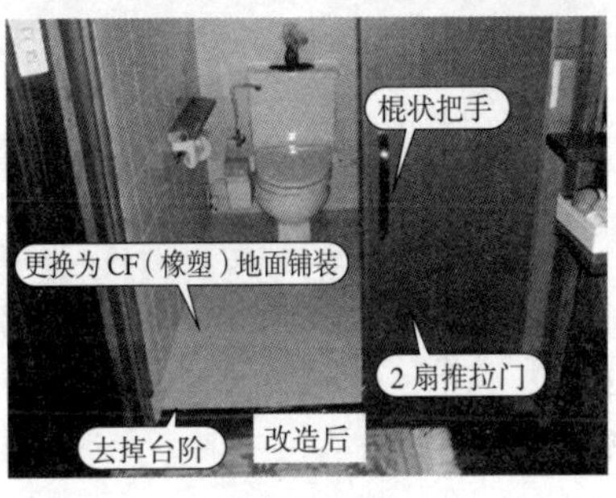

◇ 图 5-26 ◇

◇ 目的

利用护理保险的住宅改造资金对现有住宅进行改造。具体说，就是将厕所门改成减轻关节负担的推拉门。另外，为了方便业主在室内安全行走，拆除厕所与走廊 70mm 高的台阶使地面变平。还有，由于室内不穿拖鞋，用 CF（橡塑）材料换掉冰冷的瓷砖。在厕所安装平板式扶手，方便业主用肘支撑着从便器上站起来等等（图 5-26），用足 20 万日元改造资金的额度。

* 在更换厕所门的时候，往往会带来一些附加工程，多数是拆除门槛、更换地面材料和消除高差等都需同时进行。

施工要点

· 为尽量拓宽厕所门的宽度，将推拉门分成两扇嵌入侧墙内。

· 推拉门采用吊装，再按上棍状把手，方便手指变形或握力不足的关节病患者开关门扇。

总　评

5：很大改善 4：较大改善 3：轻微改善 2：没有改善 1：效果不好

· 改成推拉门后，使关节病患者开门关门的动作变得轻松方便了。

· 由于风湿关节炎属于发展性疾病，考虑到将来还会有比如拆除台阶、地面高差，更换地面材料等减轻关节负担的改造需求。

5·5　厕所改造

❶ 将公司宿舍内的蹲便改为坐便!

案例序号	37	(男)·女	年龄： 69 岁	发病时间： 1982 年　7 月	痴呆症： 有·(无)

疾病：脊椎骨伤	护理程度：	需要援助		需要护理					残疾人手册： 级
		①	2	1	2	3	4	5	护理人：儿子

家庭构成： 1. 单身　②夫妇　③其他（ 4 ）人　共计（ 4 ）人其中 65 岁以上老人（ 2 ）人

运动功能障碍 残障位置用斜线表示

1　2　3　4

语言障碍（有·(无)）　视力障碍（有·(无)）　听力障碍（有·(无)）　体内障碍（有·(无)）

移动方式：①独立行走　2. 拄拐杖　3. 护理人伴行　4. 挪步　5. 坐轮椅　6. 全护

日常行为（ADL）	起居动作	用餐动作	更衣动作	排便动作	梳理动作	洗浴动作	评估标准
评估	○	○	○	○	○	○	3：自理
							2：看护
							1：半护
							0：全护

住房形式：(独门独户)·公寓（产权房·(私租房)·公租房）2 层	结构：(木结构) 钢结构 钢筋混凝土	工期： 1 天
护理保险住宅修缮费的利用情况　((有)·无)	住宅修缮费利用额： 200000 日元	
身体残障者住宅改造费补贴政策的利用情况　(有·(无))	公费补助额： 日元	

厕　所	浴室·盥洗	起居·卧室	门口·坡道	其　他
①安装扶手 ②安装坐便 3. 调整便器高度 4. 更换便器 ⑤更换门扇 ⑥消除地面高差 7.	1. 安装扶手 2. 调整浴缸高度 3. 更换浴缸 4. 安装热水淋浴器 5. 更换门扇 6. 消除浴室地面高差 7. 安装入浴助力器械	1. 安装扶手 2. 改榻榻米为地板 3. 更换门扇 4. 消除地面高差 5. 安装护理助力器械 6. 7.	1. 安装扶手 2. 设置踏板 3. 铺设坡道 4. 更换地面铺装材料 5. 设置无高差助力器械 6. 7.	1. 安装扶手 2. 消除地面高差 3. 铺设坡道 4. 更换地面铺装材料 5. 设置无高差助力器械 6. 设置楼梯助力器械 7.
费用：252000 日元	费用：　日元	费用：　日元	费用：　日元	费用：　日元

福利器具利用情况	□轮椅　□特殊睡床　□扶手　□坡道　□助步器	费用总计：252000 日元
	□助步拐杖　□移动助力器械　□便携式便器　□入浴辅助器具　□其他	
护理服务介入情况	□上门护理　□上门入浴护理　□上门看护　□上门康复护理　□定期到所护理 □定期到所康复护理	
	□居家疗养护理指导　□短期居家生活护理　□短期居家疗养护理　□其他	

◇ 图 5-27　住宅改造要点 ◇

改造动机

◇ 现状

业主在2006年因治疗脊椎病做了人造骨置换手术。目前虽然在儿子的公司里做装修工，但腰腿机能开始退化，特别是弯腰困难导致不能下蹲，因此使用蹲便器如厕非常不便。

◇ 目的

业主租赁的是公司房产，经过与公司和房主协商获得许可，决定利用护理保险的住宅改造费将蹲便器(见图5-28-①)改为坐便器(见图5-28-②、③)。

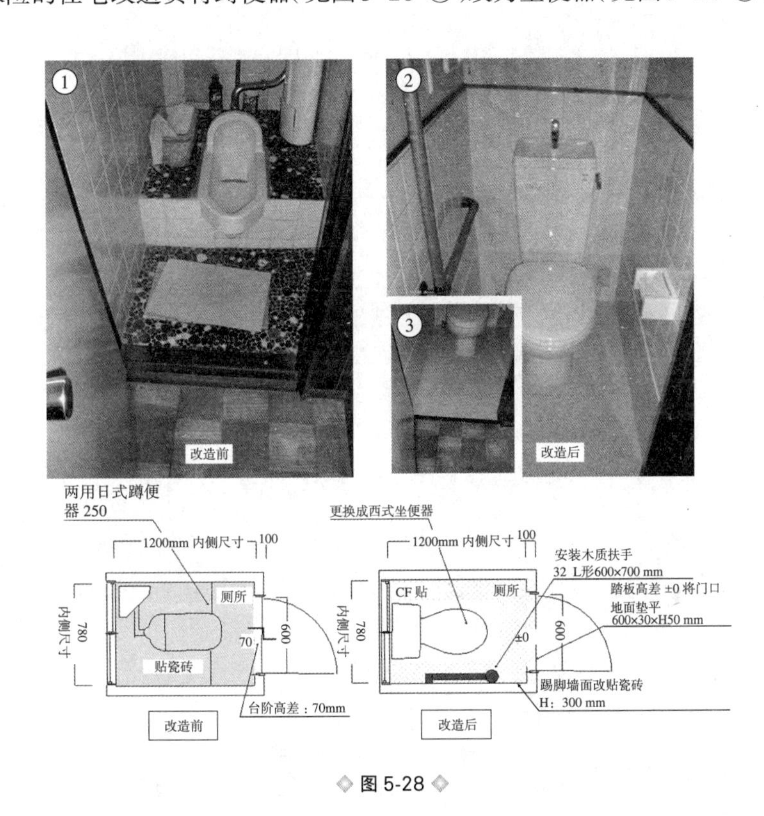

◇ 图5-28 ◇

施工要点

· 改造厕所只从业主的身体状况来决定厕所的样式还不够，还要考虑到消除地面高差防止老人摔倒，安装扶手保证老人如厕后安全起身等一连串如厕动作的整体安全性（见图5-28线图）。

总　评

5：很大改善 4：较大改善 3：轻微改善 2：没有改善 1：效果不好

· 通过此次对厕所实施更换坐便器、安装扶手、消除高差等改造，帮助业主今后自理如厕。

· 今后还有可能从玄关和玄关坡道、台阶、浴室等日常生活的整体角度考虑如何提升生活的品质。

❷ 改成方便轮椅进出的厕所!

案例序号	38	男·女	年龄：74 岁	发病时间：2002 年　3 月	痴呆症：有·无

疾病：帕金森病	护理程度：	需要援助 1	需要援助 2	需要护理 1	需要护理 2	需要护理 3	需要护理 ④	需要护理 5	残疾人手册：1 级 护理人：丈夫

家庭构成：1. 单身　②夫妇　3. 其他（ 0 ）人　共计（ 2 ）人其中 65 岁以上老人（ 2 ）人

运动功能障碍　残障位置用斜线表示

语言障碍（有·无）　视力障碍（有·无）　听力障碍（有·无）　体内障碍（有·无）

移动方式：1. 独立行走　2. 拄拐杖　③护理人伴行　4. 挪步　⑤坐轮椅　6. 全护

日常行为（ADL）	起居动作	用餐动作	更衣动作	排便动作	梳理动作	洗浴动作	评估标准
评估							3：自理
							2：看护
	○	○	○	○	○		1：半护
						○	0：全护

住房形式：独门独户·公寓（产权房·私租房·公租房）2 层	结构：木结构 钢结构 钢筋混凝土	工期：3 天
护理保险住宅修缮费的利用情况（有·无）	住宅修缮费利用额：200000 日元	
身体残障者住宅改造费补贴政策的利用情况（有·无）	公费补助额：500000 日元	

厕　所	浴　室·盥　洗	起　居·卧　室	门　口·坡　道	其　他
①安装扶手 ②安装坐便 3. 调整便器高度 4. 更换便器 ⑤更换门扇 ⑥消除地面高差 7.	1. 安装扶手 2. 调整浴缸高度 3. 更换浴缸 4. 安装热水淋浴器 5. 更换门扇 6. 消除浴室地面高差 7. 安装入浴助力器械	1. 安装扶手 2. 改榻榻米为地板 3. 更换门扇 4. 消除地面高差 5. 安装护理助力器械 6. 7.	1. 安装扶手 2. 设置踏板 3. 铺设坡道 4. 更换地面铺装材料 5. 设置无高差助力器械 6. 7.	1. 安装扶手 2. 消除地面高差 3. 铺设坡道 4. 更换地面铺装材料 5. 设置无高差助力器械 6. 设置楼梯助力器械 7.
费用：1312500 日元	费用：　日元	费用：　日元	费用：　日元	费用：　日元

福利器具利用情况	■轮椅　■特殊睡床　■扶手　■坡道　□步行器　费用总计：1312500 日元 ■助步拐杖　□移动助力器械　■便携式便器　■入浴辅助器具　■其他
护理服务介入情况	■上门护理　□上门入浴护理　□上门看护　□上门康复护理　■定期到所护理　□定期到所康复护理 ■居家疗养护理指导　■短期居家生活护理　□短期居家疗养护理　□其他

◇ 图 5-29　住宅改造要点 ◇

改造动机

◇ 现状

业主的日常活动几乎离不开护理的帮助。室内移动要在护理的搀扶下，一边抓着扶手缓慢步行。而担任日常护理的丈夫也年事已高，腰腿日渐衰弱，希望能借助护理用轮椅帮助老伴在室内移动。

◇ 目的

生活至今的厕所门十分狭窄（见图 5-30- ①），最初考虑有两种方法：一是使用便携式便盆，二是在原有的日式蹲便器上装一个西式坐便器，由护理人搀扶业主去上厕所。究竟采取哪种方式，最后考虑还是要减轻护理者的负担，决定采取拓宽厕所门，使轮椅可以进出的做法。另外，患者已经取得身体残障的一级证书，可以同时享受护理保险和身体残障两项福利政策。

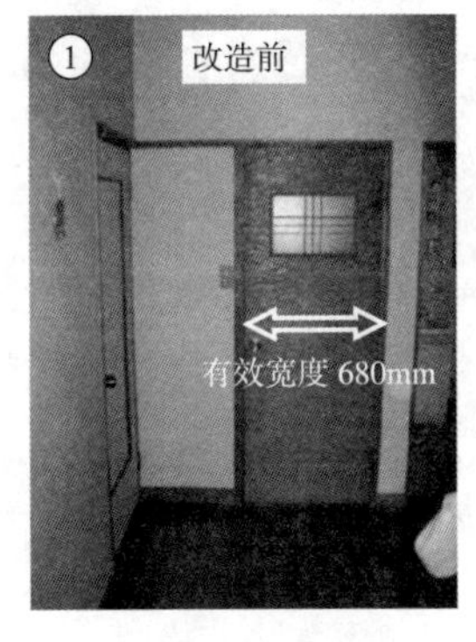

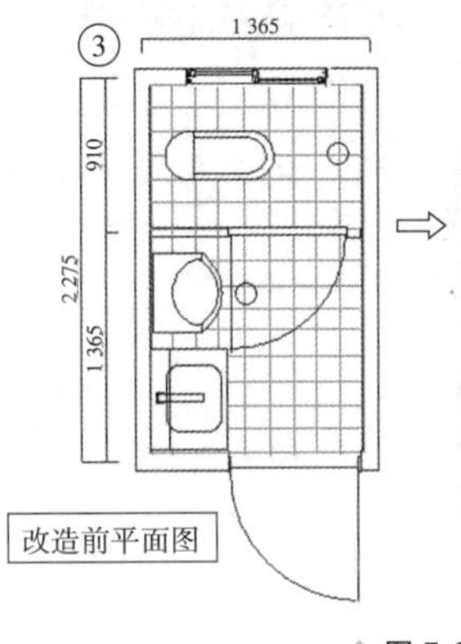

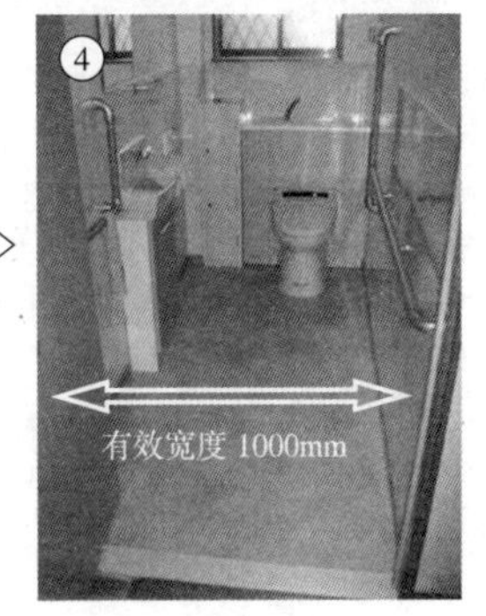

◇ 图 5-30 ◇

施工要点

- 拆掉厕所门的侧墙，把平开门改造为子母式折拉门，确保有效宽度达到 1000mm，平时只使用母门。
- 将小便器、洗手盆与蹲便器之间的隔断拆除，合为一室，将日式蹲便提升为西式坐便，并安装扶手。另外，洗手盆与墙面的出挑距离也控制在最小限度。

总　评

5：很大改善 4：较大改善 3：轻微改善 2：没有改善 1：效果不好

将厕所门的有效宽度拓宽到 1000mm，内部尺寸约 1200mm × 2100mm，轮椅可以顺畅进出，还保证了足够的护理空间。

5・6　各类支付对象住宅改造一览表

❶ 各类支付对象改造一览表

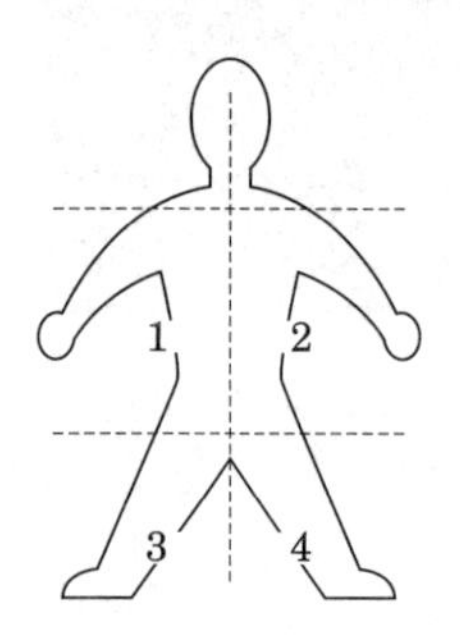

- 残疾人手册（由身体残障人士保存）: 0 为无 / 1 为 1 级 / 2 为 2 级 / 3 为 3 级
- 护理程度 : 0 为无 / 支 1 为 1 级支援 / 支 2 为 2 级支援 / 1 ~ 5 为需要护理 1 ~ 5 级
- 运动障碍部位 : 左图中的数字表示身体障碍的位置。
- 其他障碍 : 言为语言 / 视为视觉 / 听为听觉 / 内为体内
- 移动（移动方式）: 1 独立行走 / 2 拄拐杖 / 3 护理人伴行 / 4 挪步 / 5 坐轮椅 /6 完全护理

支付对象类别改造一览表

章节号	案例号	性别	年龄	疾病	残疾人手册	看护度	看护者	运动				损害				移动	
												语言	视觉	听力	体内		
5・1	29	男	63	闭塞性动脉硬化	0	支 2	妻子			3	4	无	无	无	有	2	3
	30	男	66	脑梗塞	0	1	妻子			1	3	有	无	无	无		5
5・2	31	女	79	肾硬化、大腿骨颈部骨折	1	4	女儿	1	2	3	4	有	无	无	有		5
	32	女	71	脊髓小脑变性症	2	3	儿媳	1	2	3	4	有	有	无	有	3	5
5・3	33	女	73	变形性膝关节病	0	支 1	丈夫			3	4	无	无	无	无	1	2
	34	男	78	脑出血	2	3	护理员			1	3	有	无	无	无		5
5・4	35	女	68	脊柱管狭窄	2	2	丈夫			3	4	无	无	无	无		5
	36	女	58	风湿关节炎	2	2	护理员	1	2	3	4	无	无	无	无	3	5
5・5	37	男	69	脊椎损伤	0	支 1	儿子			3	4	无	无	无	无		1
	38	女	74	帕金森病	1	4	丈夫	1	2	3	4	无	无	无	无	3	5

· ADL（日常生活动作）：起为起居活动 / 食为吃饭动作 / 更为更衣动作 / 排为排便 / 整为梳理动作 / 入为洗浴动作
3 为自理 / 2 为看护 / 1 为部分护理 / 0 为完全护理

· 住宅改装费：护理保险住宅修缮费的利用情况。

· 住宅改造费：身体残障者住宅改造费补贴政策的利用情况

· 改 装 地 点：1 为厕所 / 2 为浴室·盥洗室 / 3 为起居·卧室 / 4 为玄关·坡道 / 5 为其他

· 总　　　评：5：很大改善 / 4：较大改善 / 3：轻微改善 / 2：不能改善 / 1：效果不好

（续前页）　　表 5-1

ADL						住宅修缮费	住宅改造费	改修场所				费用合计	改装的动机	总评
起居	饮食	更衣	排便	梳理	入浴									
3	3	3	2	3	2	有	无				4	200000	室外移动	5
3	3	3	2	3	1	有	无	1	2	3	4	222600	出院准备	4
1	2	1	1	1	0	有	无				4	220500	室外移动	5
2	2	2	1	1	1	有	有				4	700000	室外移动	5
3	3	3	3	3	3	有	无				4	241500	确保安全	5
2	2	1	1	2	1	有	无			3	5	299250	蹲便改坐便	5
3	2	2	2	2	1	有	无				3	45150	更换门扇	4
3	3	2	3	2	1	有	无				1	200000	跟踪病情	4
3	3	3	3	3	3	有	无				1	252000	更换便器	4
1	1	1	1	1	0	有	有				1	1312500	减轻护理负担	5

❷ 不同支付对象进行无障碍改造的数据分析

①　利用护理保险进行的住宅改造

笔者分析了 2009 年利用护理保险住宅改造经费实施改造的 100 名业主资料，结果表明，安装扶手的案例占全部改造案例的 75%，其他依次为消除高差（12%），更换地面材料和坐便器（5%），更换门扇（3%）。

②　安装扶手的场所

利用护理保险进行的住宅改造，安装扶手的工程占大多数。

安装扶手的场所，浴室和厕所居多，其次是玄关坡道、盥洗室、更衣室以及与玄关的连接处。安装扶手的业主几乎都是护理评估在二级以下的轻度患者。

第6章

无障碍改造的成效小常识

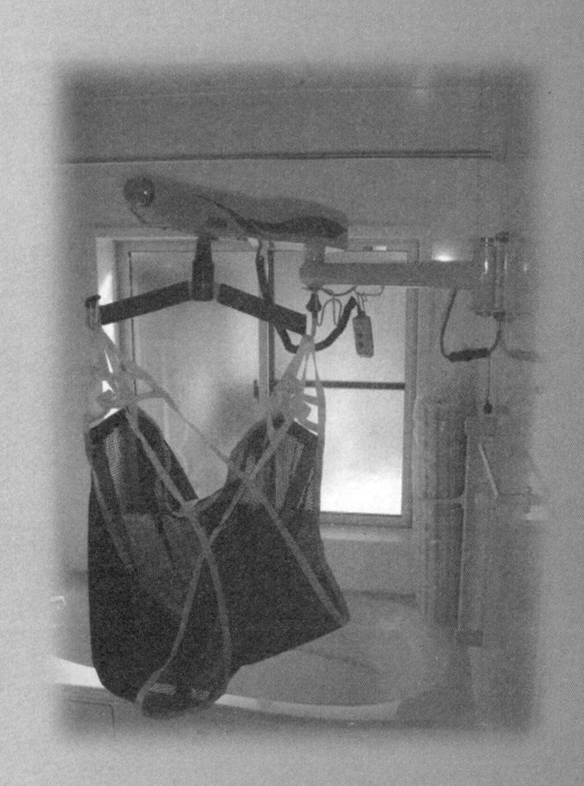

6・1　无障碍改造的基本尺寸

❶ 室外工程改造要点

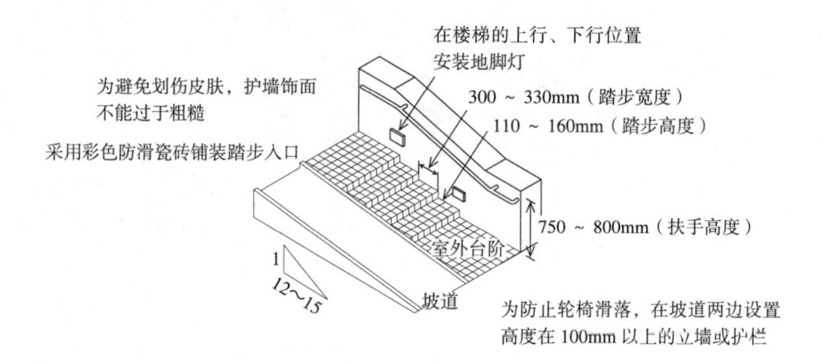

◇ 图 6-1　室外楼梯的关注点 ◇
（出处：《福利住宅环境检测试验 2 级公式测试修订版》东京商工会议所，2002 年）

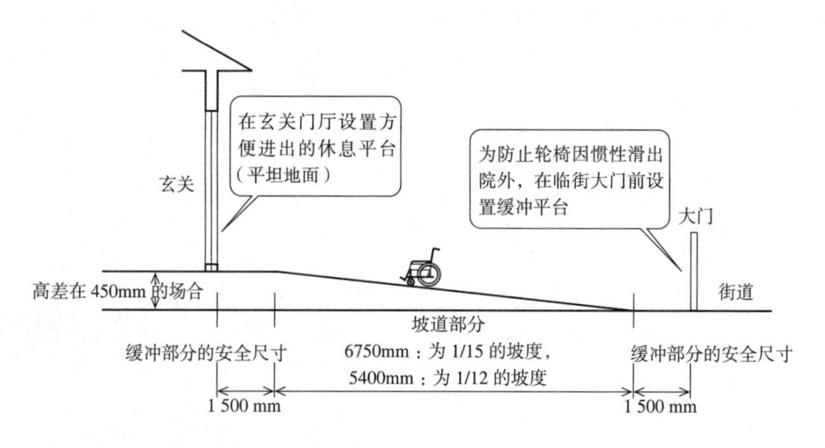

◇ 图 6-2　设置室外坡道 ◇

❷ 玄关改造要点

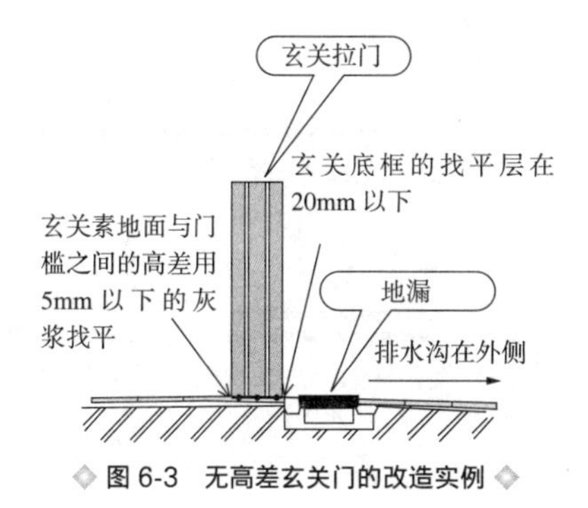

◇ 图 6-3 无高差玄关门的改造实例 ◇

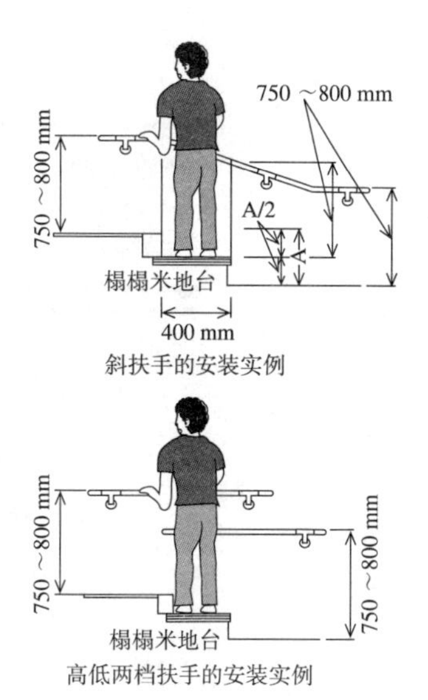

◇ 图 6-4 玄关门上框和安装扶手的实例 ◇

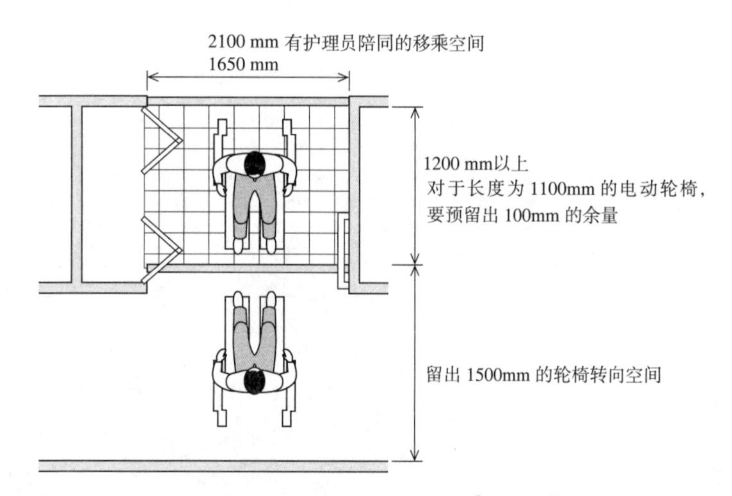

◇ 图 6-5 方便轮椅通行的玄关地面尺寸 ◇

（出处：根据《福利住宅环境检测试验 2 级公式试题新版》东京商工会议所．2007 年 制作）

❸ 走廊、出入口、楼梯的改造要点

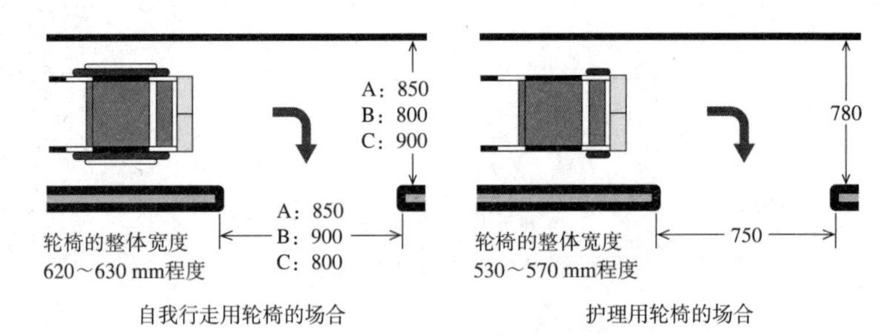

◇ 图 6-6　走廊宽度与开口宽度的关系 ◇

（出处：《居家养老的住宅环境改造》佐桥道广著，欧姆社，2009 年）

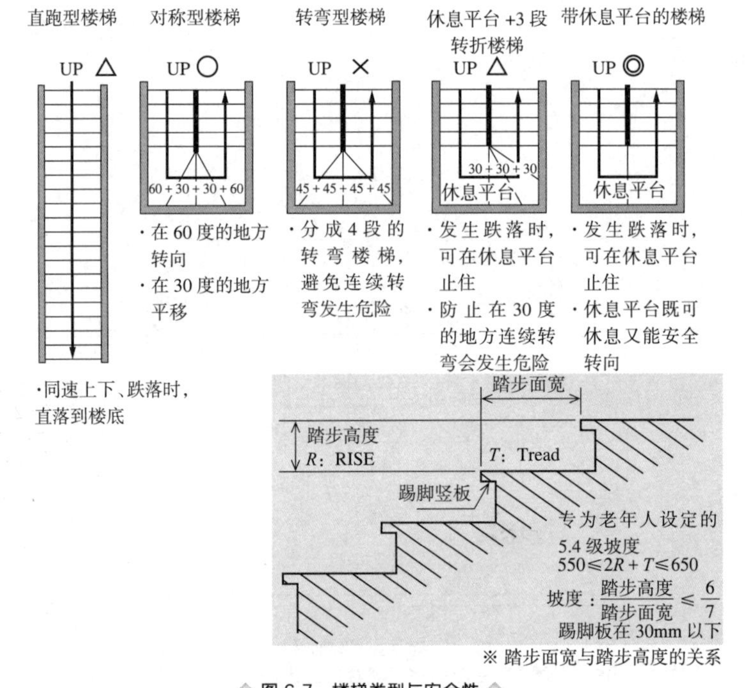

◇ 图 6-7　楼梯类型与安全性 ◇

（出处：《居家养老的住宅环境改造》佐桥道广著，欧姆社，2009 年）

❹ 厕所改造要点

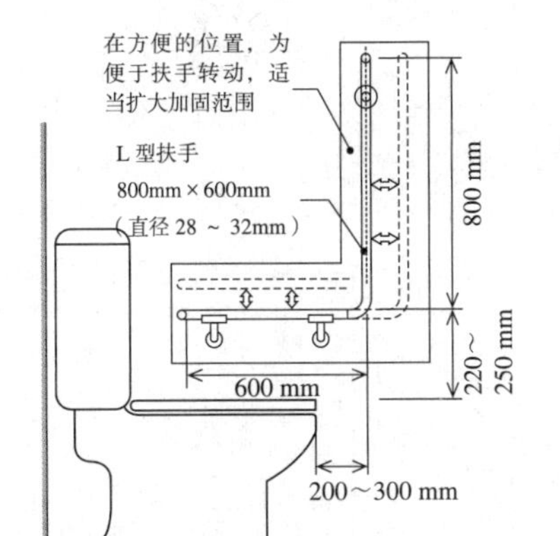

* 坐便器前竖扶手的净间距，也有因使用者的体型或患病类别而超出 300mm 以上的案例。

安装扶手时，墙面的加固位置

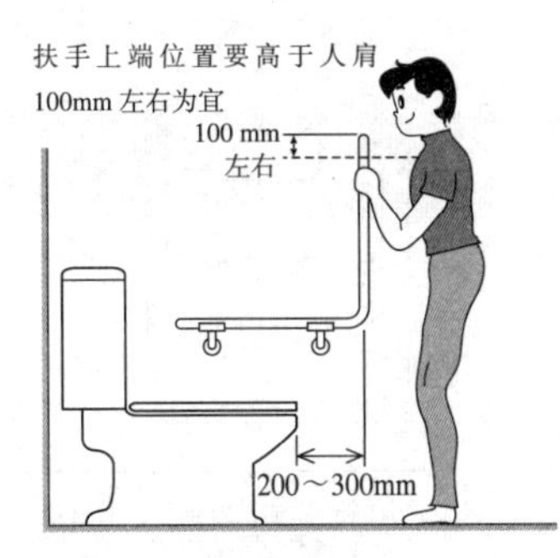

坐便器与竖向扶手的位置关系

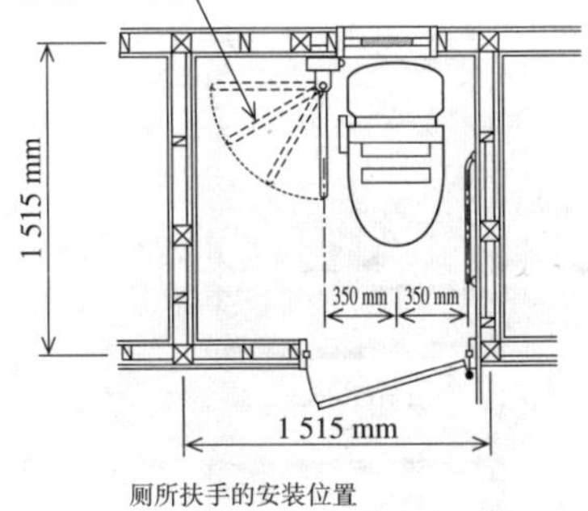

厕所扶手的安装位置

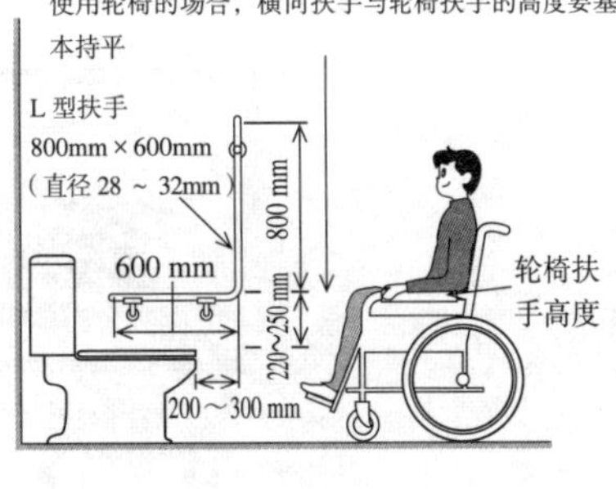

厕所扶手的安装高度

◇ 图 6-8 厕所扶手的基本尺寸 ◇

（出处：根据《福利住宅环境检测试验 2 级公式试题修订版》东京商工会议所．2002 年 制作）

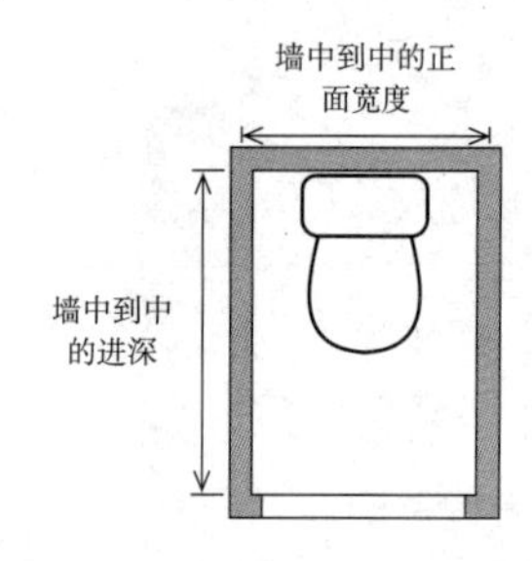

能够独立排便的场合	墙中到中的正面宽度：910mm 墙中到中的进深尺寸：1365mm
需要护理员帮助的场合	墙中到中的正面宽度：1515mm 墙中到中的进深尺寸：1515mm
使用轮椅的场合	墙中到中的正面宽度：1820mm 墙中到中的进深尺寸：1820mm

◇ 图 6-9　厕所空间 ◇

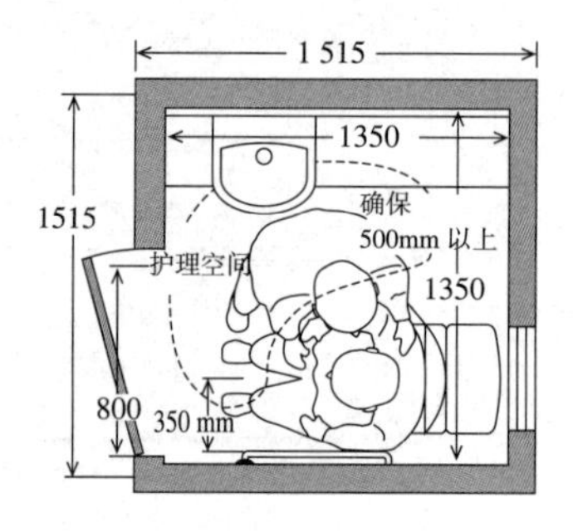

护理空间：确保在 500mm 以上

◇ 图 6-10　保证护理空间的厕所尺寸 ◇
（出处：根据《福利住宅环境检测试验 2 级公式试题新版》东京商工会议所 . 2007 年　制作）

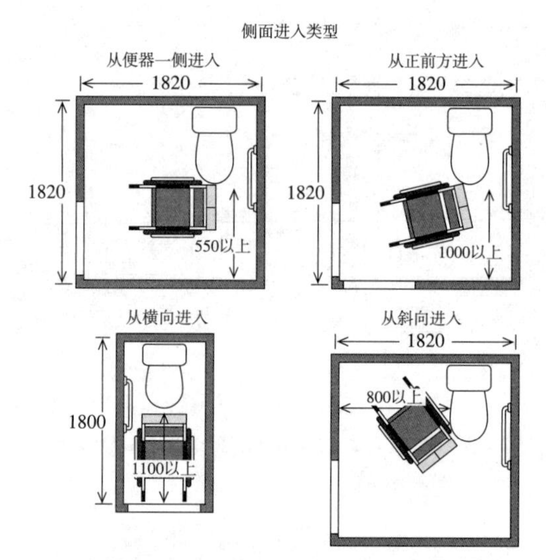

◇ 图 6-11　不同进入方式的厕所基本尺寸 ◇
（出处：根据《福利住宅环境检测试验 2 级公式试题新版》东京商工会议所 . 2007 年　制作）

❺ 盥洗、更衣室设计要点

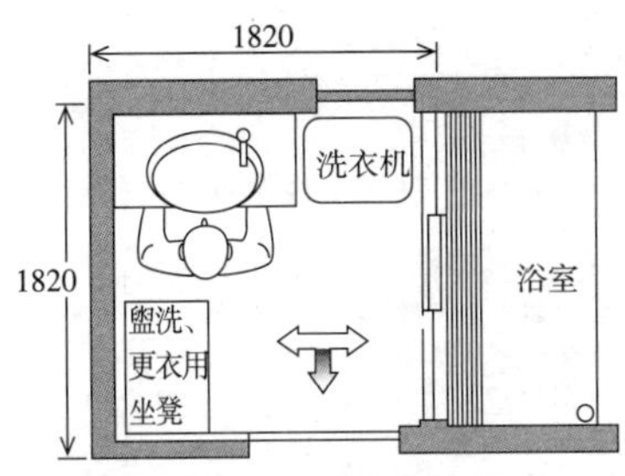

・放置一个坐凳，可供盥洗、更衣时使用
・确保墙中到中呈 1820mm 方形空间

◇ 图 6-12　盥洗、更衣室空间 ◇
（出处：《为居家养老的住宅环境改造》佐桥道广著，欧姆社，2009 年）

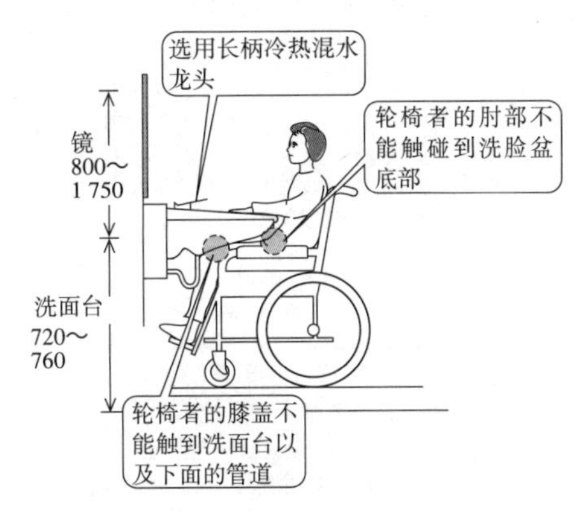

◇ 图 6-13　洗面台的高度 ◇
（出处：《为居家养老的住宅环境改造》佐桥道广著，欧姆社，2009 年）

❻ 浴室改造要点

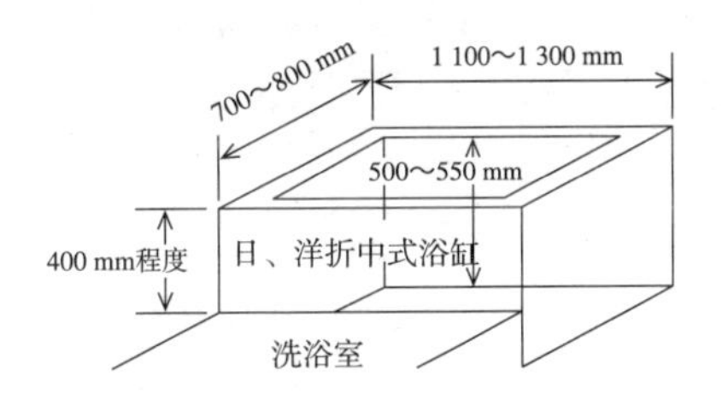

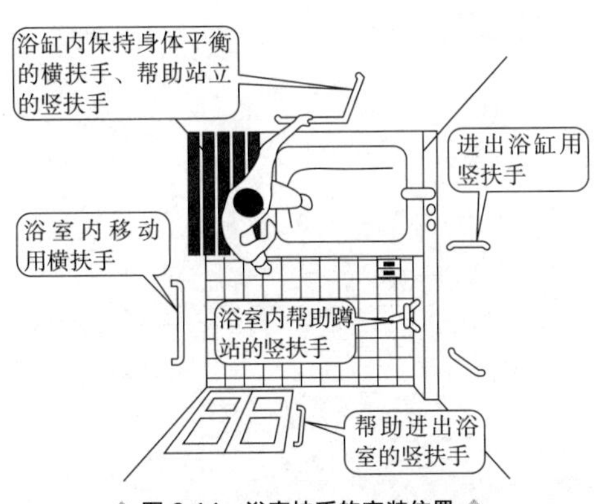

◇ 图 6-14　浴室扶手的安装位置 ◇
（出处：根据《福利住宅环境检测试验 2 级公式试题修订版》东京商工会议所 . 2002 年　制作）

浴缸尺寸	・适合老年人、残障人士的浴缸尺寸 外部尺寸 长度：1100 ～ 1300mm 宽度：700 ～ 800mm 深度：500 ～ 550mm * 适用于日、洋折中式浴缸
浴缸高度	・站立跨入式或坐式进出浴缸的场合 * 浴室地面到浴缸边缘线：埋深 400mm 左右

◇ 图 6-15　浴缸尺寸 ◇

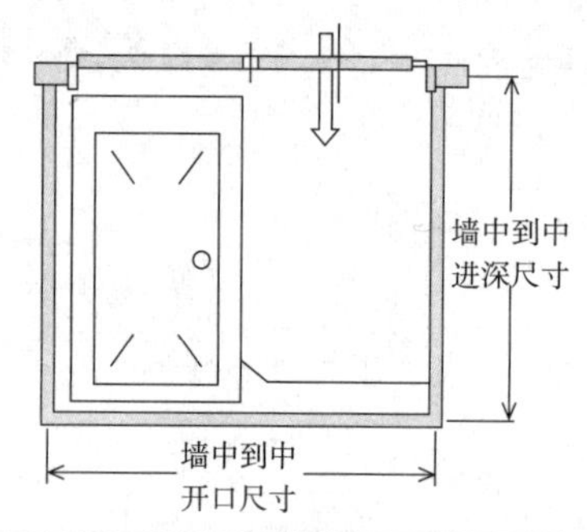

能自理入浴的场合	* 与普通浴室空间相同 墙中到中　开口尺寸：1365mm 进深尺寸：1820mm
需要护理帮助入浴的场合	* 在普通浴室内确保护理空间 · 1 名护理员的场合 墙中到中　开口尺寸：1820mm 进深尺寸：1820mm 其他 墙中到中　开口尺寸：2020mm 进深尺寸：1620mm · 2 名护理员的场合 墙中到中　开口尺寸：1820mm 进深尺寸：2275mm

使用轮椅入浴的场合	· 使用轮椅并需要护理员帮助入浴的场合 墙中到中　开口尺寸：1820mm 进深尺寸：1820mm · 轮椅送至浴室的场合 墙中到中　开口尺寸：1365mm 进深尺寸：1820mm · 坐轮椅进入浴室的场合 墙中到中　开口尺寸：1820mm 进深尺寸：1820mm
坐式入浴的场合	· 浴室内以坐姿入浴，并需要护理帮助的场合 墙中到中　开口尺寸：1820mm 进深尺寸：1820mm · 坐轮椅移至浴室，能够自理入浴的场合 墙中到中　开口尺寸：1365mm 进深尺寸：1820mm · 仅送入浴室淋浴的场合 墙中到中　开口尺寸：1365mm 进深尺寸：1820mm

◇ 图 6-16　浴室空间 ◇

❼ 其他改造要点

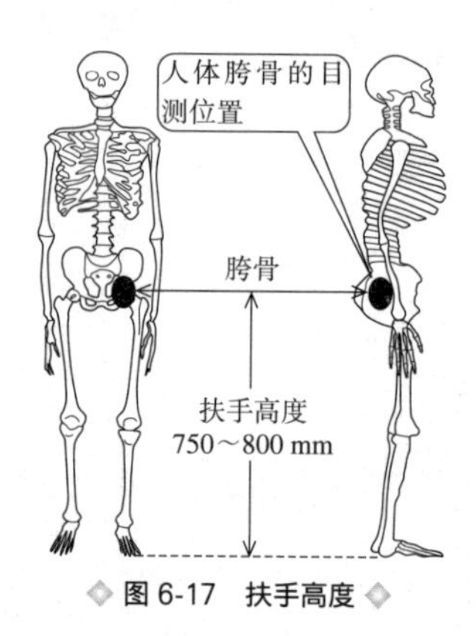

◇ 图 6-17　扶手高度 ◇

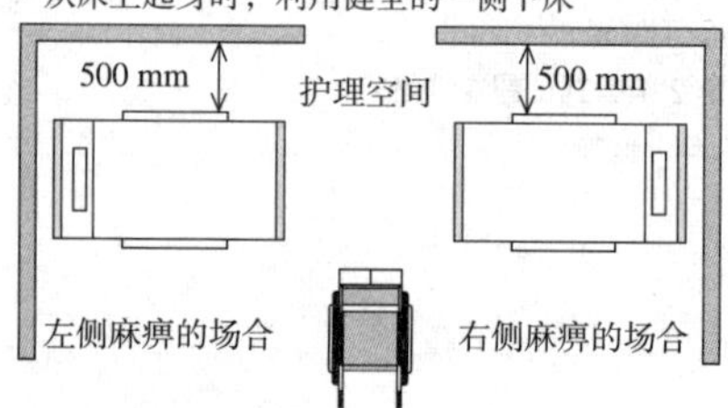

◇ 图 6-18　单侧麻痹与睡床的位置关系 ◇
（出处：《为居家养老的住宅环境改造》佐桥道广著，欧姆社，2009 年）

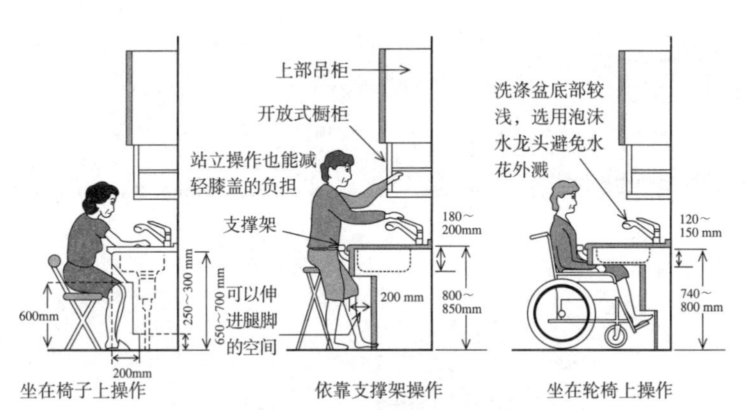

◇ 图 6-19 适合老年人、乘坐轮椅者的厨房操作面板 ◇

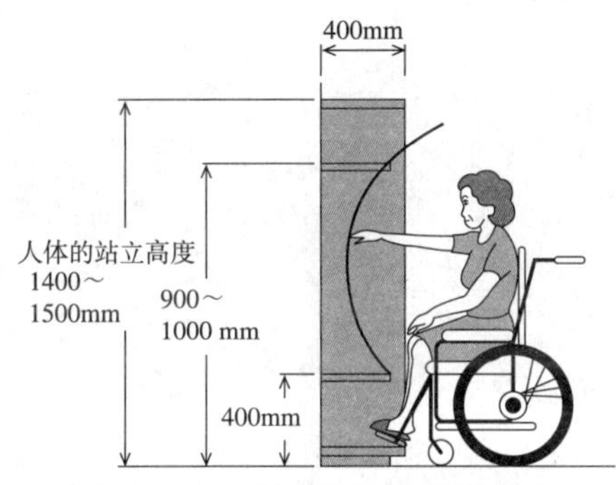

◇ 图 6-20 以视线高度决定的储物柜尺寸 ◇

6 · 2　住宅结构

❶ 木结构骨架的构图方法

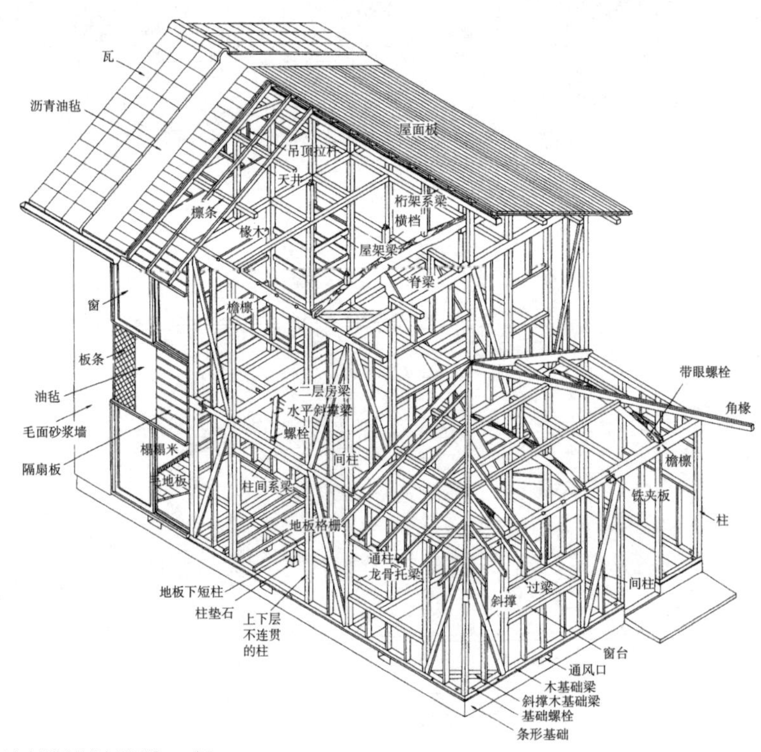

（《日本建筑学会结构专业教材》2005 年）

◇ 图 6-21　木结构骨架的构图方法 ◇

（出处：根据《福利居住环境检测试验 2 级公式教材新版》东京工商会议所 . 2007 年　制作）

特　　点

- 由于人们偏爱传统的房屋结构，进而成为适宜日本气候和风土环境的代表性构造风格。它具有重量轻、易施工、能随意分隔组合的优点，但同时也存在防火性能差的弱点。再加上工匠手艺的高低会直接影响到外观装饰的质量，要慎重选择施工队伍。
- 立柱分为直通到二层的通柱和不直通的管柱，其抗震水平支撑力都是一样的。在综合治理居住环境时要注意到这一点。

❷ 框架墙式施工法构造

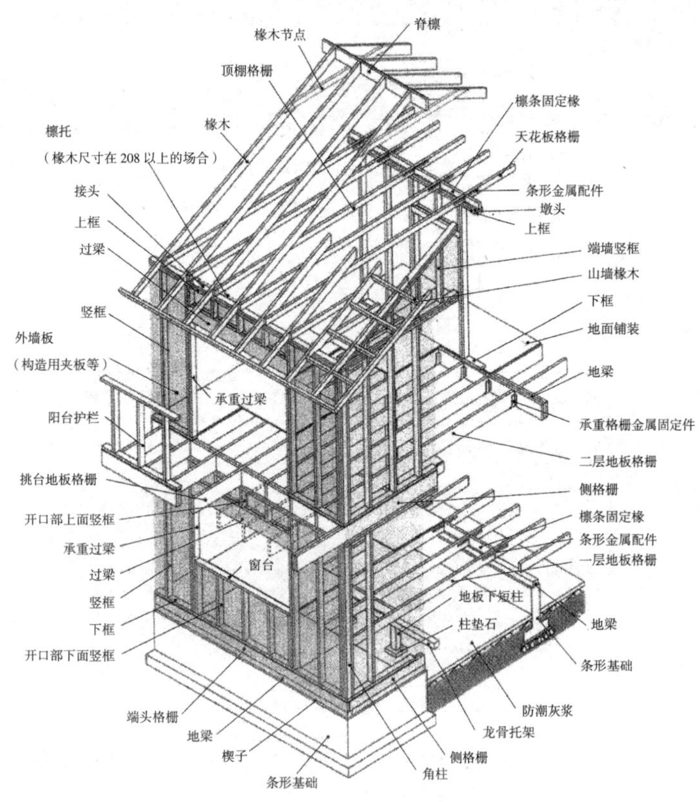

（插图由（株式会社）新井建筑工学研究所 新井信吉绘制）

◇ 图 6-22 框架墙式施工法构造 ◇

（出处：根据《福利居住环境检测试验 2 级公式教材新版》东京工商会议所．2007 年 制作）

特 点

· 被称作“木框架构造法”的墙式施工方法是将构件标准化生产，因此具有施工质量不受工匠技艺高低影响的优点，并且价格低廉、施工建成周期短。

· 在进行居住环境改造时，为满足抗震等水平剪力要求而采用的构造面板，在进行空间分隔上会受到制约，墙面处理也要多加注意。

6·3　护理保险制度与住宅无障碍设施改造

❶ 护理保险制度中的住宅无障碍设施改造

日本的护理保险制度自 2000 年 4 月开始实行，从那时起，住宅改造费的支付就被定位于居家服务的其中一项内容（详见图 6-23），其中所涉及的工程事项如图 6-24 所示。

日本的护理保险制度是指申请援助或申请护理者提出的在自宅内安装扶手，消除台阶等内容应符合日本厚生劳动大臣颁发的住宅改造条例中的规定事项，可由市区街村的保险管理部门支付住宅改造费用 90% 的偿还金

*支付偿还金：利用者先将住宅改造所需的全部费用支付给住宅改造的施工方，然后，其费用的 90% 向保险单位（市区街村）申请后，可以领到保险单位相关保险给付的退还费用的一项制度（超出保险支付额度时，超出部分保险不予支付）

委托领取付款：护理保险制度的住宅改造费用原则上是以退还来进行支付的，但为了减轻利用者一时的费用负担，更为便利地使用优惠政策进行住宅改造，政府将保险给付金份额委托给住宅改造的单位领取，利用者只需向施工方支付应由个人负担的 10% 的费用即可的一项制度

支付额度标准：无论需要援助者、需要护理者程度的轻重，额度均为 20 万日元，与其他护理保险服务相同，个人需要承担 10% 的费用，所以实际保险给付的金额为支付额度标准的 90%（18 万日元）作为上限。一个人一生最高 20 万日元支付额度标准，但护理程度加重 3 个等级，或搬家的时候例外设定再给予 20 万日元的支付额度

3 个阶段的复位标准

需要照顾程度的衡量标准	护理程度的划分
第 6 阶段	护理级别 5
第 5 阶段	护理级别 4
第 4 阶段	护理级别 3
第 3 阶段	护理级别 2
第 2 阶段	护理级别 1 护理级别 2
第 1 阶段	护理级别 1

* 条件是从申请住宅改造时起所需护理程度上升了 3 个等级

支付额度为 20 万日元（含消费税）

保险支付额 18 万日元	个人负担 2 万日元	超出部分由个人负担	非保险支付内容，由个人负担

住宅改造费不足 20 万日元

住宅改造费	护理保险支付（90%）		个人负担（10%）
￥80000	￥72000	+	￥8000

住宅改造费达到 20 万日元

住宅改造费	护理保险支付（90%）		个人负担（10%）
￥200000	￥180000	+	￥20000

住宅改造费超出 20 万日元

住宅改造费	护理保险支付（90%）		个人负担（10%）
￥300000	￥180000	+	￥120000

◇ 图 6-23　与护理保险相关的住宅改造事项 ◇

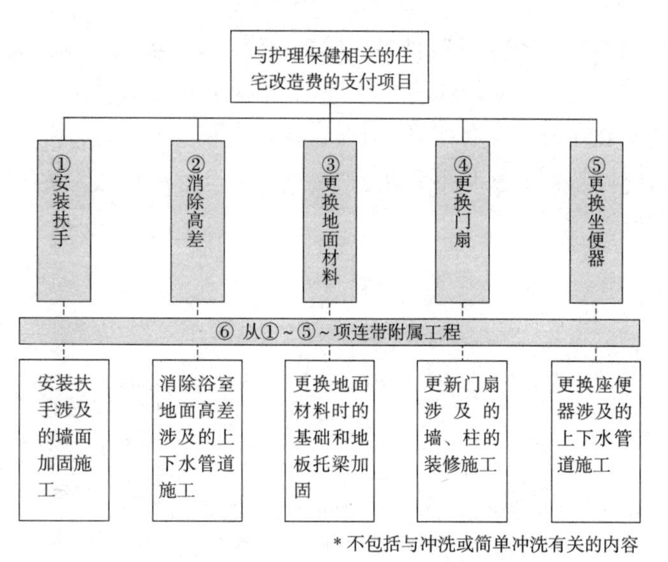

◇ 图 6-24 符合支付条件的住宅改造项目 ◇

① **安装扶手**

在走廊、厕所、玄关以及从玄关到室外通路等处，为防止患者摔倒，辅助移动、移乘等行为而安装扶手所涉及的施工。

② **消除高差**

为了消除居室、走廊、厕所、浴室、玄关等各房间之间的地面高差，以及从玄关到室外通路之间高差的住宅改造，降低室内门槛，设置坡道，加高浴室地面（地漏除外）等改造施工。这里不包括设置无障碍机等器械的施工。

③ **为防滑及轮椅移动顺畅而更换地板或通道地面材料**

为了防滑，将地板以及通道地板材料由榻榻米草席更换为板制的铺地材料。

④ **改换推拉门**

将平开门改换成推拉门、折叠门、折叠隔断等以及安装门把手、安装滑道等改造施工。安装自动门的场合，不包括动力安装。另外，只限于能将新装拉门的费用控制在低于改装门位置的费用的时候，新设推拉门为保险支付对象。

⑤ **将蹲便器更换为西式坐便器**

将日式蹲便器更换为西式坐便器，包括更换为带有保暖坐垫和冲洗功能的西式坐便，已经改装成坐便的不在附加之内。

❷ 利用护理保险制度进行住宅改造的流程

以帮助需要护理的人自理生活和减轻护理人员负担为目的，支付住宅改造费被列入与日本福利性住宅环境改造相关的护理保险制度中居家服务的项目之一。为有效推进住宅改造的进程，用图 6-25 表示住宅改造的工作流程。

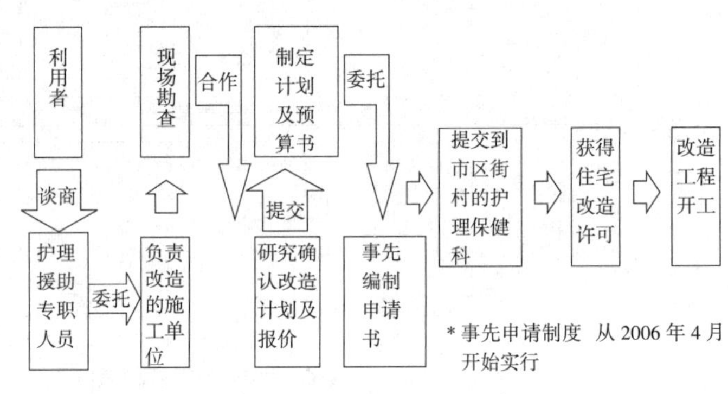

◇ 图 6-25　住宅改造的流程 ◇

① **商谈阶段**

申请者与负责护理援助的专职人员就利用者的身体状况及改善需求等内容进行商谈。

② **评估阶段**

由护理援助专员核实利用者的日常生活能力，并对居住环境中存在的问题以及住宅改造的必要性进行研究。

③ **选择施工单位与确定改造内容**

本阶段要进行的：选定负责改造的施工单位，并联合医疗、行政等相关机构，在本人在场的情况下，对实际生活环境进行现场调查。就地面高差、安装扶手的位置、所需的福利用具等住宅环境改造的范围与申请人及咨询人共同研究确认。

④ **决定施工**

以确定后内容为基础，请施工方做出工程预算和改造方案，经利用者本人和家属共同对改造方案和工程造价认可后做出委托决定。

⑤ **完成事先申请书的编制**

从 2006 年 4 月起，当使用护理保险制度的住宅改建费用补助时，申请人等必须在开工前向保险方（市区街村）提交住宅改造费的支付申请书（见图 6–26）。

⑥ **批准**

保险管理部门根据提交的书面材料，确认保险支付金是否符合规定，或做出调整。

⑦ **改造工程开工**

申请者就住宅改造事宜与护理保险专员咨询商谈

提交、确认申请材料或部分材料

·利用者要向保险部门（市街村）提交一些住宅改造费的书面支付申请材料。
·保险部门根据所提交的书面申请材料，确认保险支付金是否为符合规定的改造。
利用者应提交的材料

利用者应提交的材料

·支付申请书
·住宅改造的必要性及其理由
·工程费用明细表
·住宅改造后的效果（实景照片或简单效果图）

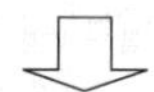

施工 ⇨ 完工

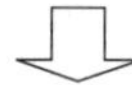

住宅改造费的支付申请·批准

·利用者在工程完工后将所有发票整理好，向保险部门提出“正式支付申请”。
·保险部门与事先提交的材料进行核对，确认是否进行了施工。当认定该住宅改造费用为合理支出时，将支付住宅改造费。

利用者应提交的材料

·住宅改造所有费用的发票
·工程费用的明细单
·住宅改造完工后的现场实景效果材料（厕所、浴室、过道、走廊等每一处的改造前后的对比照片，原则上要注明照片的拍摄日期）。
·房主的承诺书（是指申请利用者不是房主的情况下）。

◇ 图 6-26　事前申请制度的流程 ◇

（出处：根据《护理保险制度有关住宅改造的实施解说》（财）住宅改造·纠纷处理援助中心，2006 年 5 月修订版④修改）

6·4　护理保险制度与福利用品

❶ 护理保险制度中有关福利用品租赁、购买利用的程序

①　福利用品的租赁流程

提供与福利用品租借相关的服务流程如图 6-27 所示，需要与社区总括援助中心、居家护理援助事业单位、福利用品租赁单位、医疗机构等合作。

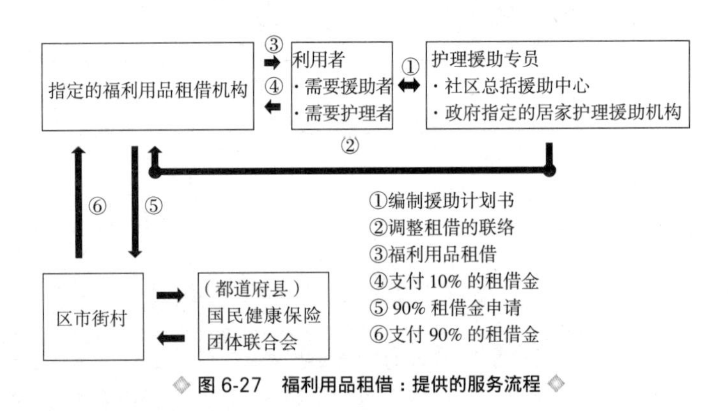

◇ 图 6-27　福利用品租借：提供的服务流程 ◇

②　买使用福利的用品购买流程

如购买福利用品相关的服务流程如图 6-28 所示，社区总括援助中心、居家护理援助部门、特定福利用品经销商、医疗机构、区市街村护理保险科等的合作是十分必要的。

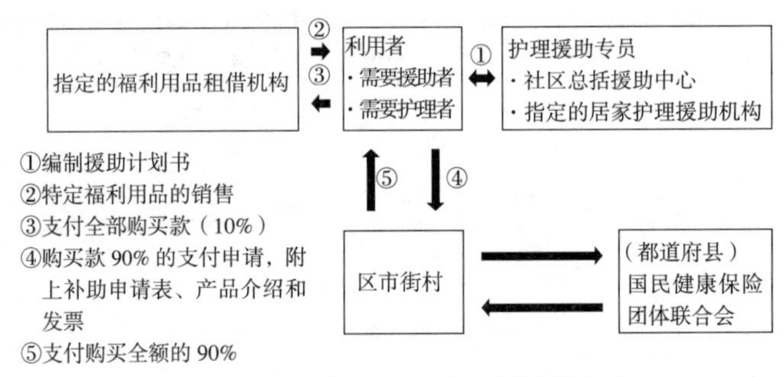

◇ 图 6-28　福利用品购买：提供的服务流程 ◇

❷ 福利用品租赁·护理预防福利用品租赁的要点

① 福利用品租赁以及护理预防福利用品租赁的种类

护理保险制度中指定可以租赁的福利用品如表 6-1 中列举的 1 ~ 12 个种类。

护理保险与福利用品的租赁　　表 6-1

<table>
<tr><th></th><th>品种</th><th colspan="3">定义·说明</th></tr>
<tr><td rowspan="3">1</td><td rowspan="3">轮椅</td><td>（1）自我行走用标准型轮椅</td><td colspan="2">符合日本工业标准（JIS）T9201-1998 中关于自我行走的定义以及以此为标准定义的（含前为大车轮，后为小脚轮的）轮椅包括座位可变型的在内，但不包括运动型以及附加特殊功能（用于被护理者日常生活以外活动为目的）自我行走用轮椅</td></tr>
<tr><td>（2）普通电动轮椅</td><td colspan="2">符合日本工业标准（JIS）T9203-1987 定义以及以此为标准定义的轮椅，方向控制功能包括操纵杆以及键盘操纵。但不包括各种用于运动而特别改制的轮椅。对于由于安装了电动辅助装置变成与电动轮椅同样功能的轮椅，当轮椅本身的结构包括了（1）或者（3）时，不视为装有电动装置、本条款所述的普通电动轮椅</td></tr>
<tr><td>（3）标准护理轮椅</td><td colspan="2">符合日本工业标准（JIS）T9201-1998 中护理用以及以此为标准定义的（含前轮为中径车轮，后轮为小脚轮的）轮椅。但只包括可改变座位型轮椅，洗浴用以及特殊功能的轮椅除外</td></tr>
<tr><td rowspan="4">2</td><td rowspan="4">轮椅附件</td><td rowspan="4">仅限于与轮椅合为一体使用 *1 的附件。并限于加上附件可以起到提高该轮椅的使用效果。符合本表右侧列举的内容</td><td>（1）椅垫和靠背</td><td>限于形状大小能够放置在轮椅座位还有椅背处的附件</td></tr>
<tr><td>（2）电动助力装置</td><td>限于安装在标准自我行走用标准型轮椅以及标准护理轮椅上的电动装置，具有凭借该电动装置的动力，来增强整体或局部驱动力的功能</td></tr>
<tr><td>（3）轮椅桌</td><td>限于适合轮椅安装的附件</td></tr>
<tr><td>（4）制动闸</td><td>限于能控制轮椅速度并能固定轮椅的附件</td></tr>
<tr><td>3</td><td>特殊护理床</td><td colspan="3">安装有侧面护栏 *2，或者可以装卸的
1. 有调节床头或床尾倾斜角度的功能
2. 有对床板倾斜高度进行微调的功能
以及具有其中任何一项功能的床</td></tr>
</table>

续表

<table>
<tr><th></th><th>品种</th><th colspan="3">定义・说明</th></tr>
<tr><td rowspan="5">4</td><td rowspan="5">特殊病床配件</td><td rowspan="5">仅限于与特殊病床一体使用*3的附件。并能提高特殊病床的辅助效果。符合本表右侧列举的内容</td><td>（1）侧面护栏</td><td colspan="2">限于特殊病床侧面安有护栏，宜于防止患者摔落，同时方便拆装，还能考虑到确保安全</td></tr>
<tr><td>（2）床垫</td><td colspan="2">限于既不妨碍特殊病床头部或脚部调节倾斜高度，又可弯曲并具有良好的柔软性</td></tr>
<tr><td>（3）床扶手</td><td colspan="2">限于安装特殊病床的侧面，便于患者起身、站立、移乘等活动</td></tr>
<tr><td>（4）餐桌台板</td><td colspan="2">限于安装在护理床上使用，有门型支架，用毕可从侧面收纳至床下，或架在床的两侧护栏上使用</td></tr>
<tr><td>（5）移动板・移动垫</td><td colspan="2">限于用于帮助患者移乘、变换体位的滑动配件，应采用平滑的材质和便于滑移的结构制成</td></tr>
<tr><td rowspan="2">5</td><td rowspan="2">防褥疮用品</td><td colspan="3">（1）限于具有通风功能或气压调整功能带气泡的空气床垫，过转移身体受力点，减轻患者着床部位压力的产品</td></tr>
<tr><td colspan="3">（2）由液体、气囊、凝胶、硅酮、聚氨酯等材料制成的全身褥垫，通过转移身体受力点，减轻患者着床部位压力的产品</td></tr>
<tr><td>6</td><td>换位器</td><td colspan="3">将气垫等辅助产品放入患者的身体下方，借助其杠杆、气压或其他动力作用，能够帮助患者很容易地从仰卧体位转换到侧卧或者能转换成坐姿的器械。但不包括用于保持固定体位的器具用品</td></tr>
<tr><td rowspan="2">7</td><td rowspan="2">扶手</td><td rowspan="2">仅限于符合右栏其中一项要求的产品。不过上述第4项中（3）中列举的产品除外。另外安装（可包括入户服务拧螺丝之类的简单安装，以下类同）时，需要施工的除外</td><td colspan="2">（1）安装于居室地上，用于防止跌倒，或以辅助移动、移乘为目的的用品，安装时不需要施工</td><td rowspan="2">如果需要施工，并适用于住宅改造公告*A第1号文中“安装扶手”条款，可享受住宅改造费的补贴</td></tr>
<tr><td colspan="2">（2）安装在坐便器或简易厕所的周围，以帮助患者保持坐姿，易于站起或者移乘轮椅等活动为目的的用品，安装时不需要施工</td></tr>
</table>

续表

<table>
<tr><th></th><th>品种</th><th colspan="3">定义・说明</th></tr>
<tr><td>8</td><td>坡道</td><td colspan="2">不包括为个别利用者以及为搬运困难的通道所实施的坡道改造。安装时，需要施工的除外</td><td>如果需要施工，并适用于住宅改造公告 2 号文中“消除地面高差”条款，可享受住宅改造费的补贴</td></tr>
<tr><td>9</td><td>步行器</td><td colspan="3">具有辅助步行困难者支撑体重、保持平衡和行走的用品，仅限于符合以下条件的产品
1. 轮式助行架应在体前及左右两侧有围合式抓手等
2. 带四脚轮的助行器应在保持上肢平衡的条件下移动
* 所谓“抓手等”：是指用手可以握住的或可以支撑臂肘的架子、把手类。
所谓“身体的前方及左右两侧有围合式抓手等”：是指患者在身前左右都能扶到抓手。不过，身体前方的抓手并非必须是用手握或可支撑臂肘的架子，而只是为了连接左右抓手的架子也可以。另外，对扶手的长度要视利用者身体的差异不作硬性规定</td></tr>
<tr><td>10</td><td>助行拐杖</td><td colspan="3">仅限于腋杖、前臂杖、手杖、平台杖以及多足杖</td></tr>
<tr><td>11</td><td>痴呆老人活动感应器</td><td colspan="3">是指当痴呆老人徘徊、出走到室外，或者经过房间的某个点，传感器感知后就会向家人或邻居通报的设施。对痴呆老人离开卧床、坐垫时能够通报的感知器，也可享受补贴</td></tr>
<tr><td rowspan="3">12</td><td rowspan="3">移动升降机(不包括悬吊部分)</td><td rowspan="3">右栏列举的类型，具有提升身体，支撑体重的构造，而且还具备辅助行动不便者移动的功能（安装时，需要进行住宅改造的情况除外）</td><td>（1）地面运行式</td><td>使用起吊用具或椅子等台座将患者提升起来后，靠脚轮的转动移送至目的地的用品
可以在楼梯等倾斜方向移动的楼梯升降机，必须特别注意防止跌落事故的发生以及利用者家属必须能够安全使用，所以要经过规定的所有办理程序
对于轮椅附件，即使具有同样功能，也要同样确保安全</td></tr>
<tr><td>（2）固定式</td><td>固定安装在起居室、浴室、浴缸等处，在其可动范围内，利用起吊用具或椅子的台座将患者抬起、移动</td></tr>
<tr><td>（3）摆放式</td><td>放置在地板或地面上，在其可动范围内，利用吊带或椅子的台座将患者抬起、移动的用品（不包括电梯以及楼梯升降机）</td></tr>
</table>

*1 所谓“与轮椅整体使用的附件”是指在租赁轮椅时，同时租赁的轮椅附件，或者已经使用轮椅的利用者再租赁轮椅的附件。

*2 所谓“侧面护栏”是指在防止患者滚落的同时，安装简易，还能保证安全的用品。

*3 所谓“与特殊病床整体使用的附件”是指在租赁特殊病床时，同时租赁的附件，或者已经使用特殊病床的利用者再租赁的附件。

*A 所谓“住宅改造告示”是指 1999 年 3 月 31 日日本厚生省发布的第 95 号文

[出处：《福利用品活用计划》（社）日本福利用品供给协会，2008 年 3 月，根据此资料重新编制]

②　对轻度患者福利用品及护理预防福利用品租赁的限制

对于轻度患者（是指需要帮助 1 级、2 级，需要护理 1 级的患者）将表 6-2 列举的内容不属于福利用品租赁的范畴。不过，2007 年 4 月起，将下列Ⅰ - Ⅲ种分类确定为“应该作为例外支付对象的案例”，并对例外支付对象的评判方法做出修订，详见表 6-3。

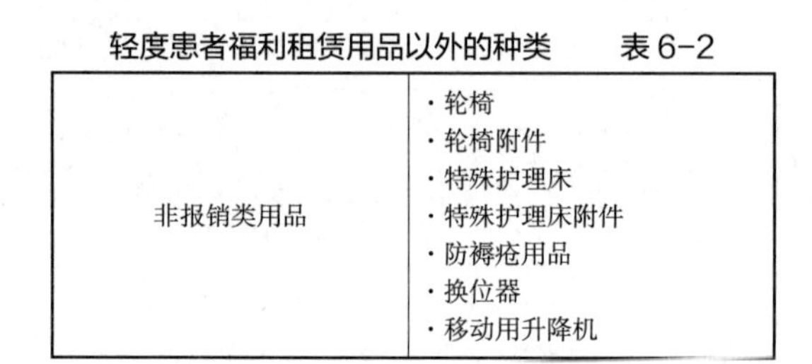

轻度患者福利租赁用品以外的种类　　表 6-2

非报销类用品	·轮椅 ·轮椅附件 ·特殊护理床 ·特殊护理床附件 ·防褥疮用品 ·换位器 ·移动用升降机

福利用品租赁中属于例外支付的条件　　表 6-3

关于例外支付的评判方法，本着基于现行的需要护理认定数据为原则，符合下列Ⅰ - Ⅲ中任何一种情况者：
a. 基于“医生的诊断意见”来判断
b. 依据护理担当者会议得出的贴切的护理管理结果做出决定
c. 经过市街村长的“确认”
是可以认定为例外支付对象的一种规定。（对判断手续做出部分修改）

Ⅰ. 由于疾病或其他原因，病情容易发生变化，不同的时期或特定的时间段，要经常核实处于告示中所规定的福利用品需要状态的人。（例如：帕金森病患者由于服药的原因，时好时坏的现象）
Ⅱ. 由于疾病或其他原因，病情发生突然恶化，被准确地告知为在短期内将会变为需要告示中规定的福利用品的人。（例如：癌症晚期患者病情的急速恶化）
Ⅲ. 由于疾病或其他原因，以能够回避对身体重大危险性或加重病情等医学的诊断，可以判断为属于告示中所规定的福利用品需要状态的人

（出处：2007 年 2 月 19 日召开的“日本护理保险・老年人保险福利负责科长大会”资料）

③　利用者（被保险者）福利用品或部分护理预防福利用品租赁费支付

利用者要向福利用品租赁的经销商支付 10% 的福利用品租赁费（见图 6-27）。

❸ 特定福利用品・特定护理预防福利用品的经销要点

① 特定福利用品以及特定护理预防福利用品的种类

特定福利用具是指在福利用具中相关入浴或排便的用品属于卫生上难于保证的租赁品，有表 6-4 中列出的 5 种。

护理保险与特定福利用品　　表 6-4

	品种	定义・说明	
1	凳式坐便器	仅限于符合右栏列举的用品	（1）放置在日式蹲便器上后，使之变为坐凳式便器
			（2）放置在西式坐便器上，用于提升坐便器的高度
			（3）具有以电动或弹簧式辅助患者从坐便器站起功能的用品
			（4）坐便、便桶等可移动的便器（仅限于可在居室内使用的用品）
2	特殊小便器	具有自动抽出尿或便的功能，便于患者或护理人员操作的用品	自动吸便用品，要确保使用时的洁净卫生。利用者若长期持续的使用，相反，会有可能出现丧失生活自理能力和变成失智的情况。所以，当被判断为调查表中移乘和排便两项均属全护，必须使用特殊尿器的时候，或经过市街村的最终确认后才能成为使用对象
3	入浴辅助用品	（1）入浴轮椅	仅限于椅面高度已经达到 35cm 以上，或带有倚靠功能的用品
		（2）浴盆内扶手	仅限于以夹在浴缸边缘的方式固定的用品
		（3）浴盆内坐凳	仅限于能够放置在浴缸内使用的用品
		（4）入浴台板	仅限于架在浴缸两侧仅限于以夹在浴缸边缘的方式固定的用品端，方便进出浴缸的用品
		（5）浴室内地漏	仅限于安装在浴室内用于消除浴室地面高差的用品
		（6）浴盆内泄水	仅限于安装在浴缸内找平浴缸底部高差的用品
		（7）入浴用辅助吊带（安全带）	仅限于直接包裹住入浴者身体，帮助其顺利进出浴缸的用品
4	简易浴缸	充气或可折叠等，便于移动，不需要安装以及排水施工	所谓“充气式或可折叠等便于移动的用品”是指也包括即使是硬质材料的制品，不使用时也可便于收纳存放。另外，仅限于放置在室内，需要时即可入浴的用品
5	移动用升降机的吊装部分		可以紧紧包住身体，并与移动用升降机牢固连接的产品
复合功能要求的相关福利用品		具有两种以上功能的福利用品可按右栏程序办理	（1）对于能够区分各种不同功能的用品，要逐一弄清，并按照每项功能视为一件福利用品来审批
			（2）对于不能区分的用品，当包括属于购置费的补助对象的特殊福利用品所限种类的时候，应将福利用品的总体功能视为符合特殊福利用品来审批
			（3）当包含了不符合福利用品租赁以及特定福利用品种类所要求的功能时，应依据护理保险法的保健支付对象外予以办理

（出处：根据 1999 年 3 月 31 日厚生省第 94 号公告，2000 年 1 月老企第 34 号，2009 年 4 月 10 日老振发第 0410001 号文件编制）

②　关于特定福利用品经销商

日本 2006 年 4 月出台的文件规定，具有享受居家护理福利用品购买费资格的特定福利用具的购买者必须到由道府县级知事指定的特定福利用品的经销商或者特定护理预防福利用品经销商处购买（支付偿还金）。因此，如果被保险者在非指定的店商处购买了特定福利用品，将不能享受保险给付。能发给购置费的特定福利用品仅限于表 6-4 中列出的（5 种）类别。

③　购买居家护理（预防护理）福利用品购置费发给额度的标准

每年从 4 月 1 日开始每 12 个月的额度标准为 10 万日元，被保险者要暂且将购置费的全额支付给福利用品经销商（偿还支付），然后附上必要的材料（补助申请表・购入商品目录・购物发票），并向保险部门（市区街村）提出 90% 的补助申请。日后由保险部门发给相当于 90% 的款项(见图 6-8)。原则上应在同年度期间购买 2 件以上相同种类的福利用品时，将不属于补助对象了。不过，已经购买的福利用品发生破损，或该用品对被保险者所需要护理的程度有明显提升时，也有被破例认可的事例。特定福利用品的购置费，对于由本人或家属以外的人定制的用品，也视为补助对象。这种情况含从材料到制作成产品（材料加工、组装费）的费用。再有，福利用品购置费的发给是以还清货款的日期（开具发票的日期）为准进行支付的额度管理（见表 6-5）。

购买福利用品费用的支付额度的管理标准　　表 6-5

①	福利用品于 2007 年交货，到 2008 年付款	按照 2008 年的额度管理
②	福利用品于 2007 年交货、付款，2008 年提出保险申请	按照 2007 年的额度管理
③	福利用品于 2 月 6 日交货后死亡，3 月 7 日付款	不能再提出保险支付申请

[出处：依据（社）日本福利用品供给协会 2008 年 3 月发布的《福利用品活用手册》编制]

6·5 残障人自立援助法与福利用品

❶ 残障人自立援助法概要

2006 年日本开始实施的残障人自立援助法是遵循日本残障人基本法的基本理念，针对残障人士和参展儿童不同的体能和适应能力，以扶植他们自立完成日常生活参与社会活动为目的，提供必要的助残服务，并将有身体、智能、精神三项残疾的福利服务实行一体化服务（见表 6-6）。

残障人自立援助法的服务体系　　表 6-6

提供自立援助（根据残疾程度分别制定援助计划）	提供护理服务	提供为残障人士居家或疗养所必需的护理支援服务 种类：居家护理、重症入户护理、行动援助疗养护理、生活护理、儿童日间看护、短期入所、重度残疾人护理等综合援助、陪伴护理、入院援助
	提供训练等服务	面向在社区生活、就业的人提供训练等的援助服务 种类：自力训练、就业移动援助、持续就业援助、陪伴生活援助（伤残人福利院）
	自立援助医疗	享受统筹医疗公费医疗制度
社区生活援助中心（针对地域特点或利用者的情况而实施人性化援助）	补装具费的资助	进行补装具购买和修理的资助服务
	由市街村负责实施的场合	提供咨询帮助、协助沟通、供给日常生活用品等、帮助移动、社区活动援助中心
	由都道府县负责实施的场合	特别是专业性高的商谈援助事业、大范围应对所需事业、为提高服务质量的培训进修等

❷ 提供自立援助条款中，对“配送辅助用品”的界定

《残疾人自立支援法》把提供给患者的帮助定位为他们提供辅助装具，也就是辅助丧失了身体机能的残障者（残障儿童）恢复功能的用品（义肢、装具、轮椅等）。它们被定义为以下①~③的内容。

①可以弥补代替缺陷或损伤的身体功能，是针对每个残障进行设计、加工的辅助用品。②在身体上安装后能够正常生活或者上学、就业的，且同一产品可以持续使用的。③配送时，需要提供专业人士的指导意见（医生的诊断书或使用建议）。支付辅助用品的费用（购买或维修）时，应由残障者或残障儿童的监护人向市区街村提出申请后方可领取。另外，在 2009 年的日本政府联合政权的同意下，废除了《残疾人自立支援法》，消除了“制度上的缺陷”，为减轻利用者承担的“应能负担”，重新建立起新的综合性制度，于 2010 年 4 月 1 日将原来定的利用者要负担 10% 的补装具价格的比率，修改为根据利用者的收入设定一定的负担上线，对于低收入人群（不缴纳市町村民税）的残障者实行免费享受福利服务以及免费使用补装具（见表 6-7）。

辅助用品使用者承担费用的上限额度　　表 6-7

划　分	家庭收入情况	上限额度（月额度）
生活保障	享受生活保障的家庭	0 日元
低收入 1 类	不征收居民税，家有残障者或负担残障儿童的家庭，年收入在 80 万日元以下者	15000 日元
低收入 2 类	因为不征收居民税，不属于 1 类低收入的家庭	24600 日元
普通家庭	征收居民税的家庭	37200 日元

从 2000 年 4 月 1 日起，对低收入利用者将实行免费使用

❸ 由社区生活援助中心提供的“日常生活用品的供给与租赁”

供给日常生活用品业务是指为了帮助身体重度残疾者（儿童），智障者（儿童），精神病患者的日常生活，提供或租赁表 6-8 所示 6 种生活用品的工作。

日常生活用品　　表 6-8

护理 - 帮助康复训练的用品	特殊护理床、坐垫等身体护理用品或康复训练椅等
帮助生活自理的用品	帮助入浴或听觉障碍者安装在室内的信号装置等，辅助患者入浴、用餐、移动等生活自理的用品
帮助居家疗养的用品	电子吸痰器或盲人用体温计等居家疗养者使用的辅助用品
帮助信息获取、思想沟通的用品	帮助使用盲文或安装人造喉头的患者了解传递信息，沟通表达的用品
帮助排泄清理的用品	帮助安装人工肛门等辅助排便的用品
帮助居家生活行走的用品（含住宅改造工程）	帮助居家生活行动方便的用品，以及小规模的住宅改造 根据不同的身体障碍，提供相应的设施和用品

后 记

本人致力于福利性居住环境整治事业，到今年已近30年。换句话说，本人入职Media care公司后，从事住宅改造的施工也长达30年之久。而使我领悟到福利性居住环境整治事业重要性的，应该说是这个社会，是众多的老年朋友和各位残障人士。

Media care的前身是肾病研究所，它成立于1975年，是由一家泌尿专科医院创建的公司。当时，作为一家在经营医院的同时，还设想能否开办一家使肾透析患者出院后继续康复，最终回归社会的民营企业，从而提出了“医疗与福利的联合”、“与社会福利同步的医疗设施”的新理念。随后，所涉及的对象不止限于透析患者，而逐步扩大到老年人、残障人，让更多在生活上感到不便的人们受益。于1981年成立了Media care公司，这就是我开始从事福利性居住环境整治事业的缘由。起初，我在公司主要负责医疗福利器材的销售工作，但在服务过程中，我经常听到购买轮椅的客户反映：“家里的台阶太高，轮椅上不去……”、“家里的走廊太窄，轮椅无法通过……”。正是这些需要为客户解决的各种难题，成为我开始专注住宅改造事业的契机。

另外，从2007年6月开始，公司归属到爱知县住宅翻新改造的支持机构——他们也正是带头倡导无障碍住宅改造的NPO法人集团。同时还带动了一批与住宅改造有关的教育、研修机构，随后，保健、医疗、福利、护理、设计、施工等相关专业也参与进来。

与公司成立之初相比，现今的社会已经发生了巨大的变化。实行护理保险制度以来，日本迎来了低生育超高龄社会，人们对实施福利性居住环境改造的必要性和重要性的认识已经提高了很多。因此，我觉得现在该是用自己积累了30年的技术和经验，服务社会、报恩社会的好时机。这也是我编写出版本书的缘由所在。

在本书的第1章，我尽量采用最新的数据供读者参照；另外，第3章、第4章、第5章的内容也都是与我所从事的业务相关的内容。我也尽可能从专业技术的角度介绍具体案例，并配以多张工程照片、相关福利器具、设施的图片，力图详尽明了地展示给大家。

在本书出版发行之际，请允许我向以公司出版部为首，以及提供设备图片资料的各位厂商，向培养我有关福利性居住环境改造基本知识的东京商工会议所、福利性居住环境改造鉴定中心的各位表示深深的谢意。还有一部分设备图片，因不知其来源而没有注明商家出处，在此表示歉意。

最后我衷心祝愿各位老年朋友，身有残障的人士能够在自己熟悉、温馨的家园安心幸福地生活。我也将以“行百里者半九十”的精神，始终保持一颗积极向上、谦恭感恩之心，一如既往地关注福利性居住环境事业的发展。

佐桥道广

参考文献

第1章
・野村みどり著「バリアフリー」(慶応義塾大学出版会 2002年2月)
・福田志津枝・古橋エツ子編著「これからの高齢者福祉」[改訂版](ミネルバ書房 2009年4月)
・内閣府編「平成22年度版 高齢社会白書」(ぎょうせい 2010年)
・厚生労働省編「平成14~16年・平成18~22年生命表・簡易生命表」(資料 2010年7月)
・永和良之助・坂本勉・福富昌城著「高齢者福祉論」(ミネルバ書房 2009年10月)
・直井道子・中野いく子・和気純子編「高齢者福祉の世界」(有斐閣アルマ)
・厚生労働省パンフレット「介護保険制度改革の概要」(2006年3月)
・東京商工会議所編「福祉住環境コーディネーター検定試験1級公式テキスト」(2002年9月)
・東京商工会議所編「福祉住環境コーディネーター検定試験2級公式テキスト 新版」(2007年2月)
・東京商工会議所編「福祉住環境コーディネーター検定試験3級公式テキスト 新版」(2007年2月)
・厚生労働省編「平成18年人口動態統計」(資料 2007年1月)
・佐橋道広著「在宅療養のための住環境整備」(オーム社 2009年7月)
・建築工事研究会編著「積算資料ポケット版 2006」((財)経済調査会 2005年10月)
・吉野愼一監修「よくわかる最新医学 新版 リウマチ」(主婦の友社 2005年7月)
・山之内博監修「よくわかる最新医学 パーキンソン病」(主婦の友社 2005年8月)
・鈴木吉彦著「よくわかる最新医学 新版 糖尿病」(主婦の友社 2005年12月)
・吉岡充監修「よくわかる最新医学 新版アルツハイマー病・認知症(痴呆症)」(主婦の友社 2006年3月)
・高室成幸著「地域支援コーディネートマニアル」(法研 平成16年4月)

第2章
・㈱メディ. ケア編「身体障害者のための住宅改造実例集」(1988年11月)
・加島守著「住宅改修アセスメントのすべて」(三和書房 2009年11月)
・大竹司人・望月彬也著「利用者が知っておくべき福祉住環境コーディネート」[(財)東京都高齢者研究・福祉振興財団 2005年11月]
・大竹司人・望月彬也著「工務店が知っておくべき福祉住環境コーディネート」[(財)東京都高齢者研究・福祉振興財団 2006年1月]
・厚生労働省監修「介護予防テキスト」(2006年)
・東京商工会議所編「福祉住環境コーディネーター検定試験2級公式テキスト 新版」(2007年2月)
・東京商工会議所編「福祉住環境コーディネーター検定試験2級公式テキスト 改訂版」(2002年9月)
・東京商工会議所編「福祉住環境コーディネーター検定試験3級公式テキスト 新版」(2007年2月)
・TOTO「手すりカタログ」(2008年4月)
・国土交通省住宅局編「住宅リフォーム支援制度ガイドブック」(2010年6月)
・(社)住宅リフォーム推進協議会「性能向上リフォームガイドブック バリアフリー編」(2010年2月)
・(社)住宅リフォーム推進協議会「性能向上リフォームガイドブック 耐震編」(2010年2月)
・(社)住宅リフォーム推進協議会「性能向上リフォームガイドブック 省エネ編」省エネ編(2010年2月)

第6章
・厚生労働省「介護保険制度改革の全体像~持続可能な介護保険制度の構築」(老健局 2004年12月22日)
・厚生労働省パンフレット「介護保険制度改革の概要」(2006年3月)
・「厚生労働大臣が定める居宅介護住宅改修費等の支給に係る住宅改修の種類」(平成11年3月厚生省告

示第 95 号),「介護保険の給付対象となる福祉用具及び住宅改修の取扱いについて」(平成 12 年 1 月老企第 34 号),「厚生労働大臣が定める特定福祉用具販売に係る特定福祉用具の種目及び厚生労働大臣が定める特定介護予防福祉用具販売に係る特定介護予防福祉用具の種目」及び「介護保険の給付対象となる福祉用具及び住宅改修の取扱いについて」の改正等に伴う実施上の留意事項について(平成 21 年 4 月 10 日老振発第 0410001 号)
・東京商工会議所編「福祉住環境コーディネーター検定試験 2 級公式テキスト 新版」(2007 年 2 月)
・東京商工会議所編「福祉住環境コーディネーター検定試験 2 級公式テキスト 改訂版」(2002 年 9 月)
・東京商工会議所編「福祉住環境コーディネーター検定試験 3 級公式テキスト 新版」(2007 年 2 月)
・NPO 法人 福祉・住環境人材開発研修センター編「人の暮らしから考える 住宅建築の基礎」(青山環境デザイン研究所 2003 年 4 月)
・(財) 住宅リフォーム・紛争処理支援センター「介護保険における住宅改修 実務解説」(2006 年 5 月改訂版④)
・NPO 法人 福祉・住環境人材開発研修センター編「人の暮らしから考える 住宅建築の基礎」(青山環境デザイン研究所 2003 年 4 月)
・国土交通省住宅局住宅総合整備課監修「障害者が居住する住宅の設計資料集」(ぎょうせい 2007 年 1 月)
・荒木兵一郎他著「図解 バリアフリーの建築設計 第二版」(彰国社 2003 年 5 月)
・日本建築学会編「コンパクト建築設計資料集成 バリアフリー」(丸善 2002 年 4 月)
・武村誠著「バリアフリーの知識」(オーム社 2006 年 7 月)
・望月幸代著「よくわかる! 介護保険徹底活用法 改訂新版」(高橋書店 2006 年 6 月)
・伊藤秀樹著「障害者自立支援法ハンドブック 基礎知識編」(日総研 2006 年 2 月)
・(財) 住宅リフォーム・紛争処理支援センター「介護保険における住宅改修 実務解説」(2006 年 5 月改訂版④)
・テクノエイド協会編「介護保険 福祉用具ガイドブック」(中央法規出版 2000 年)
・テクノエイド協会編「福祉用具分類コード」(中央法規出版 2008 年)
・「厚生労働大臣が定める福祉用具貸与及び介護予防福祉用具貸与に係る福祉用具の種目」(平成 11 年 3 月厚生省告示第 95 号),「介護保険の給付対象となる福祉用具及び住宅改修の取扱いについて」(平成 12 年 1 月老企第 34 号),「厚生労働大臣が定める特定福祉用具販売に係る特定福祉用具の種目及び厚生労働大臣が定める特定介護予防福祉用具販売に係る特定介護予防福祉用具の種目」及び「介護保険の給付対象となる福祉用具及び住宅改修の取扱いについて」の改正等に伴う実施上の留意事項について(平成 21 年 4 月 10 日老振発第 0410001 号)
・厚生労働省「全国介護保険・高齢者保険福祉担当課長会議」(資料 2007 年 2 月 19 日開催)
・「厚生労働大臣が定める特定福祉用具販売に係る特定福祉用具の種目及び厚生労働大臣が定める特定介護予防福祉用具販売に係る特定介護予防福祉用具の種目」(平成 11 年 3 月厚生省告示第 95 号),「介護保険の給付対象となる福祉用具及び住宅改修の取扱いについて」(平成 12 年 1 月老企第 34 号),「厚生労働大臣が定める特定福祉用具販売に係る特定福祉用具の種目及び厚生労働大臣が定める特定介護予防福祉用具販売に係る特定介護予防福祉用具の種目及び「厚生労働大臣が定める特定介護予防福祉用具販売に係る特定介護予防福祉用具の種目」及び「介護保険の給付対象となる福祉用具及び住宅改修の取扱いについて」の改正等に伴う実施上の留意事項について(平成 21 年 4 月 10 日老振発第 0410001 号)
・「福祉用具を活用したケアプラン」(日本福祉用具供給協会 2008 年 3 月)